ポートランド日本庭園の見どころ

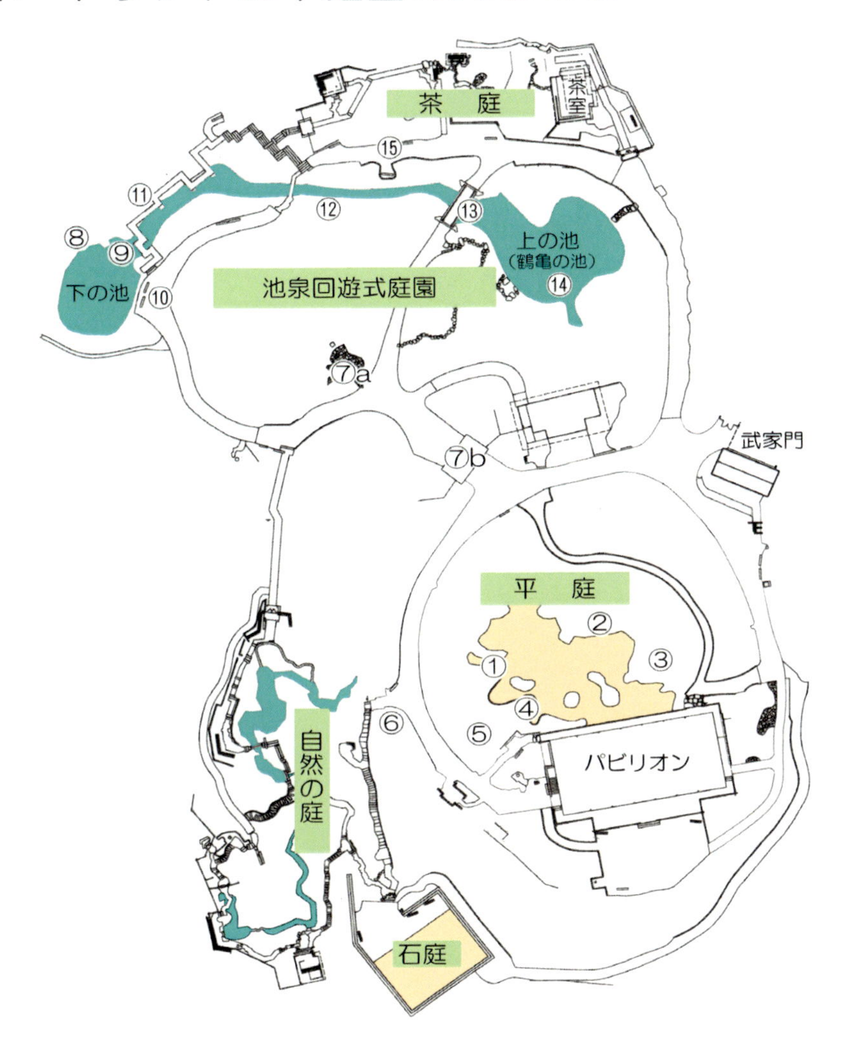

① 石橋
② 濡鷺（ぬれさぎ）型灯篭
③ 舞孔雀モミジ
④ シダレ桜
⑤ 伊予の青石
⑥ 水原秋櫻子の句碑
⑦a 五重の塔
⑦b 藤棚

⑧大滝
⑨鶴石・亀石と雪見灯篭
⑩北斗七星の石組み
⑪菖蒲園とハツ橋
⑫徽軫（ことじ）灯篭
⑬月の橋
⑭鶴亀の池と長老の滝
⑮すずかけの散歩道

目　次

第１章　ポートランド日本庭園の今…………………………5

１．ポートランド日本庭園の見どころ

(1)　平庭（Flat Garden）

(2)　池泉回遊式庭園（Strolling Pond Garden）

(3)　茶庭（Tea Garden）と茶室（Tea House）

(4)　石庭（Sand & Stone Garden）

(5)　自然の庭（Natural Garden）

２．開園から50年のリニューアル

第２章　ポートランド日本庭園は、いかに生まれたか………21

なぜ、ポートランドに日本庭園を造ることになったのか？

戸野琢磨教授とは、どんな人だったのか？

なぜ、私が戸野教授の助手として造園建築士になったのか？

1965年５月、アメリカへ旅立つ

図面から庭園をどのように造るか？

日本人差別、反対運動　　　警察に捕まる　　　土木作業者の反抗

日本庭園を愛する公園課長エレクソン

平庭を造る　　池や川を造る　　庭園内にトレーラーを置き、住み家にする

「月の橋（Moon Bridge）」を造る　　　滝を造る

１年ぶりの戸野教授の来園と、やり直し

石庭（禅庭）を作る　　　石灯籠を設置する

予算が足りず、給与が遅配になる　　　反対派のヒッピーに襲われる

無料の臨時開園を経て、１人25セントで土日に開園

植栽の配置は「黄金分割」で　　　園内の植物は、どのように入手したか

茶室を作る　　トレーラーハウスごと雪に埋もれる　　50セントで正式開園

「ジャパンナイト」開催　　「兼高かおる世界の旅」の取材　　開園の反響

日本からのさまざまなお客様　　　水原秋櫻子氏の来訪と句碑の設置

やさしかった正田冨美氏　　牛場信彦氏の来園　　正式開園以降の庭造り

庭園内に点在する見どころ紹介
①石橋　②濡鷺(ぬれさぎ)型灯篭　③舞孔雀(まいくじゃく)モミジ
④平庭のシダレ桜　⑤伊予(いよ)の青石　⑥水原秋櫻子氏の句碑
⑦五重の塔　⑧大滝　⑨鶴石・亀石と雪見灯篭
⑩北斗七星の石組み　⑪菖蒲(しょうぶ)園と八ツ橋　⑫徽軫(ことじ)灯篭
⑬月の橋　⑭鶴亀(つるかめ)の池と長老の滝　⑮すずかけの散歩道
⑯春日(かすが)灯篭
その後の庭造り　苔の栽培　日本に帰るべきか、アメリカに残るべきか
来場者から、庭造りを頼まれる　エレクソンの解任
さらばポートランド日本庭園
第３章　その後のポートランド日本庭園と、私……………………133
ポートランド日本庭園のその後
大学で学び「ランドスケープ・アーキテクト（造園建築士）」の資格を取る
契約書の不備で大きな損失を出す
車に寝泊まりしながら造園業に復帰
仏教寺院や「４４２日系人部隊記念公園」から広がる人脈
フランク・シナトラの庭を造る
主要な仕事の思い出
１）ロサンゼルス日米文化会館の日本庭園とイサム・ノグチ氏との出逢い
２）宝石商サム・ファロー
３）“レタスキング”南弥右衛門
４）アンディー松井
５）シカゴのオヘア公園
６）カール・ルイス
７）レオナード・ニモイ
多くの警察署長にも日本庭園を造る
第４章　最後に伝えたいこと………………………………………159
原爆の本当の地獄
墜落機のアメリカ兵を助けた祖父
心の交流は、異なる国と文化を結ぶ「架け橋」になる

第１章　ポートランド日本庭園の今

1．ポートランド日本庭園の見どころ

アメリカ合衆国オレゴン州にあるポートランド日本庭園は、「ジャーナル・オブ・ジャパニーズ・ガーデニング誌」の調査で、日本国外にある300の公共日本庭園の中で第1位に選ばれるなど、高い評価をいただいています。

年間の入場者数は約50万人。ポートランド市を見下ろすワシントンパークのウエストヒルズにあり、世界中から観光客が来るほかリピーターも多く、今日では、ポートランド市の名所として愛されています。

本庭園の魅力は、何と言っても「本格的な純日本庭園」ということでしょう。「一歩踏み入れると、ここがアメリカであることを忘れてしまう」と、お客様によくおっしゃっていただきます。

庭園は、2万2000㎡の面積があり、次の五つの庭が中心になっています。

私の師である戸野琢磨(とのたくま)教授がデザインし、弟子の私がポートランド市の職員と1965年から4年間をかけて作庭しました。

それぞれの庭の見どころを簡単に紹介しましょう。

(1)　平庭　(Flat Garden)

メインゲートの「武家門」を入り、パビリオンの前に大きく広がるのが「平庭 (Flat Garden)」です。

白砂の“大海”の中に瓢箪(ひょうたん)の徳利(とっくり)と杯(さかづき)の形で苔(こけ)の島が浮かび、静かにお酒に酔う心の平安を表現しました。

白砂は、京都の白川砂を使っています。厚さ15センチに敷き詰め、砂紋(さもん)(砂で描いた波紋) を描きました。後述の「石庭」も同じ白川砂で「平庭」と合わせて30トンを使っています。

瓢箪と杯形の紋、陰陽石組みや橋の組み方など、随所に京都の醍醐寺(だいごじ)三宝院(さんぼういん)庭園の古典的手法を取り入れています。

平庭には、「濡鷺(ぬれさぎ)型灯篭」「伊予の青石」「水原秋櫻子(みずはらしゅうおうし)の句碑」のほか、舞孔雀モミジやシダレ桜などがあり、見どころになっています。

松井氏の茶室（建設中）

つくばいが置かれた庭の一角

5）シカゴのオヘア公園

シカゴは、ロサンゼルス空港から約6時間もかかりますが、そこの公共公園の仕事を受注し、1980年代に大きな公園を造りました。

広大な敷地の公園で、日系企業が持つ土地を利用して、シカゴ市民のために作ると聞かされていました。巨大な滝をいくつも造り、川を造り、石橋を造りました。和風のテイストを入れましたが、純粋な日本庭園ではなく、市民の憩いの場になるような広場もある、和洋折衷の公園でした。

当時、私の会社は、造園部門だけで15人ほどの社員がいましたから、その15人と現地で雇ったスタッフも合わせて総勢30人ばかりで、足かけ2年かけて完成させました。私は飛行機で6時間かけて週に1回通い、監督し指示を出しました。

夏は暑いうえミシガン湖から吹く風が強く、冬は零下20〜30度と凍るような寒い現場でした。面積が広かっただけに、山から運んだ岩や石は何百トンにも及び、大工事になりました。

完成した公園は、シカゴ新聞に大変好意的な記事を書いていただきました。

ここに岩を積み上げ滝を造る

岩を積み上げたところ

水を入れ、木々を植える

水を流し、滝を造る

完成した姿

パビリオンから見た「平庭」

瓢箪と杯（写真提供①）

(2)　池泉回遊式庭園（Strolling Pond Garden）

「平庭（Flat Garden）」の西、「茶庭（Tea Garden）」までの広い空間に池や川、滝などを配置し、周囲を歩きながら鑑賞する庭園です。

見どころはたくさんありますが、春は新緑、夏は水のせせらぎ、秋は紅葉、冬は雪景色と、四季折々の美しさを楽しむことができます。これは、オレゴン州に日本と同様の四季があるからこそ、できたことです。

“上の池”と“下の池”は川で結ばれ、途中には「月の橋」と呼ばれる大きな橋があります。この橋は、材木の両端に重みを加え時間をかけて曲げ、手作りしたものです。この橋を中心とする四季折々の景観は、本庭園を紹介する写真でよく使われています。

南の奥には「大滝」があります。高さは10メートルほどあり、漏水対策と地耐圧強化のために、コンクリートの杭を打ち込んで基礎を作りました。その上に最大8トンの岩まで、大小50～100個の岩石を組み上げています。

日本式の大滝を初めて見たアメリカのお客様は、その雄大さに圧倒されるとおっしゃいます。夜になると、大滝の真正面に北極星が光を放ちます。

「上の池」写真中央には鶴の彫像が見える（写真提供②）

秋、「上の池」の方から「月の橋」を望む（写真提供①）

「徽軫（ことじ）灯籠」周辺

「大滝」の水が「下の池」に落ちる

春、「大滝」前の桜が美しい

秋、「月の橋」の周辺のもみじ（写真提供①）

(3)　茶庭（Tea Garden）と茶室（Tea House）

庭園の南西の奥にあるのが、茶庭です。

日本文化の根底にある“茶の心”は、抹茶を立て、一期一会（はかない人の世にあって、その機会は一生に一度のものと心得て、主人と客人が互いに誠意を尽くす）の精神で、人と人が魂で接するというものです。

そのために、このような質素な「茶室」が作られ、茶室を包み込むように静寂な「茶庭」の空間が設けられました。

この茶室（華心亭）は、ソニーの故・盛田昭夫氏が鹿島建設に設計を依頼し寄贈したものです。鉄の釘は１本も使わない工法で建てられており、日系二世の宮家さんと私の二人で組み上げました。

この質素な建物が、買えば３万 6000 ドル（当時のアメリカで３軒分の住宅価格）もするというので、「こんな小さな建物が……」と言われましたが、完成後は「これは建物ではなく芸術品だ」と評価いただき、愛されています。

茶庭は、外・中・内の三重露地構成で、露地門をくぐると左に四阿があり、中露地には待合い、そして内露地、茶室という構成です。

「茶庭」の外露地にある門（写真提供②）

「茶庭」の中露地（写真提供②）

「茶室」の中から内露地を観る（写真提供②）

(4)　石庭（Sand & Stone Garden）

「平庭（Flat Garden）」の南東にあるのが「石庭（Sand & Stone Garden）」で、石と砂だけで表現した「枯山水（かれさんすい）」の庭です。別名「禅庭（Zen Garden）」とも呼びます。

敷き詰められた白砂は、大海そして“世界”を表現しています。「平庭」と同じ京都の白川砂を使っています。

中にある大石は仏陀（ぶっだ）、周りの七つの石は小獅子を表し、仏典の「捨身飼虎（しゃしんしこ）」の話をモチーフにしています。

これは、仏陀が前世において、飢えた虎の母子に出会い、我が身を投げ出して食わせ、母子を救ったという話です。 飢えた虎たちは、捨て身の善意に心を打たれ最初は彼を食べることができませんでした。しかし、彼は自ら首を剣で突いて、虎たちに彼を食べるきっかけを与えたと言います。

そんな話を、仏陀の周りに七つの石を配置することで表現しています。

土塀の瓦は日本、土塀の材料は現地で調達して造りました。土塀の背後には“借景”としてオレゴン州の山々があり、水墨画の趣をねらっています。

仏陀と七匹の小獅子を模した石

土塀に囲まれた「石庭」（写真提供①）

小獅子は、仏陀に教えを請うかのように寄り添う（写真提供②）

(5)　自然の庭（Natural Garden）

「平庭」の南から南東、「石庭」の奥に広がるのが「自然の庭（Natural Garden)」です。

５つの庭のうち、この庭だけは戸野教授の設計ではなく、3代目ディレクターの榊原八朗氏（東京農大造園科卒）が、1974年に造りました。

戸野教授のデザインが、「瓢箪と杯」「捨身飼虎」など日本や仏教の思想を基にした象徴的なもの、あるいは滝や川など大自然を縮小した“縮景”なのに対して、この庭は、木々や草花、苔など当地の自然を生かした、自然風景そのものの庭園であることが特徴です。

榊原八朗氏が、師と仰ぐ小形研三（おがたけんぞう）氏の設計理念「自然写景」のコンセプトを持ち込んだもので、従来の日本庭園とは異なる様式になっています。

中央に苔の庭を配し、木々の約７割を現地に自生するモミジ類として、地元の人々にとって分かりやすい、親しみやすい庭にしています。

池や滝、小橋の下を流れるせせらぎもあり、この流れの先には、足を止め、一息つける“待ち合い”風の腰掛けもあります。

「自然の庭」の小川（写真提供②）

「自然の庭」のつくばい周辺（写真提供②）

“待ち合い”風の腰掛け（写真提供②）

2．開園から 50 年のリニューアル

本庭園は、2017 年 4 月に、1967 年の開園以来 50 年を迎え、3350 万ドル（日本円で約 38 億円）をかけて大リニューアルを行いました。

リニューアルには、東京オリンピックの新国立競技場をデザインした隈研吾氏が参加。メインゲート前にあった旧メンテナンスビル周辺を一新し、多目的会場や盆栽テラス、ヒルトップガーデンのほか、カフェ、ギャラリー、ワークショップのスペースやギフトショップなどが、新たに設けられました。

リニューアル・オープンのお披露目レセプションには、日本・アメリカほか各国から様々な方が出席。そんなレセプション・パーティーがおよそ 1 週間にわたり毎日開催され、大勢の方が集まりました。

私もその場に招待され、この庭園がここまで発展し人々に愛されている様を見て、胸を熱くしました。天国の戸野教授にも教えて差し上げたかったし、改めて、戸野教授の偉大さをたたえ、感謝の言葉を伝えたいと思いました。

50 数年前、旧動物園跡のまだ何もないこの地に戸野教授と二人で立った日のことを思い出します。日本人として差別を受けたことや、地元住民の反対運動に遭ったこと、また、資金不足になり、教授と二人でドッグフードをパンに挟んで食べたことも思い出します。

先が見えず、「この先どうなるのだろう」と不安に思ったこともありました。何度も危ない目に遭って、死を覚悟したこともありました。

けれど、「なんとしてでも、世界に誇れるような日本庭園を造る！」「アメリカの人々も、日本庭園の素晴らしさをきっと分かってくれる！」という信念をもって、すべてを乗り越えて来ました。

そして、4 年間かけてポートランド日本庭園を造り上げ、その後、私は、ロサンゼルスに移り、日本庭園造園家として 50 年近く生きて来ました。フランク・シナトラやカール・ルイスなど、各界の方々の庭を設計して来ました。

この本では、ポートランド日本庭園がどのように造られたかと共に、アメリカで造園家として生きて来た、私の 50 年余りの日々を振り返ってみたいと思います。

設立 50 周年記念パーティーの催し（写真提供②）

設立 50 周年記念パーティーで講演する筆者

第2章　ポートランド日本庭園は、いかに生まれたか

なぜ、ポートランドに日本庭園を造ることになったのか？

そもそも、なぜポートランドに日本庭園を造ることになったのでしょうか？これについては、いくつかの理由があります。

一つは、欧米で1950年代後半以降、「日本ブーム」が起こったということです。アメリカの文化人類学者ルース・ベネディクトの『菊と刀―日本文化の型』（1946年）が日本文化を欧米に伝え、また、日本に駐留した150万人以上が日本文化に接し、本国に伝えたことも影響したと言われています。

1954年にはニューヨーク近代美術館で日本建築・日本庭園の展示が行われ、1956年からはイサム・ノグチ氏がパリのユネスコ本部に日本庭園を造るなど、日本庭園への関心が高まりつつありました。

二つ目は、ポートランドには材木の輸出をビジネスとする人が多く、戦前から日本へ材木を輸出していたということです。商談のために日本へ訪れた人も多く、そんなことから日本文化や日本庭園を評価する高学歴の人が富裕層を中心に一定割合存在していました。

1950年代後半からポートランド市長だったテリー・シュランク氏もその一人で、氏が中心になり、1959年11月にはポートランド市と札幌市で姉妹都市の提携を結びます。

これを機に、同年、オレゴン日本協会から日本庭園築造の提案がなされます。1961年には、オレゴン日本協会が公益法人「オレゴン日本庭園協会」の設立を決定。1962年には、ポートランド市が支援を決め、翌年には日本庭園協会の設立が承認されます。

その日本庭園協会の第1回会議で、戸野琢磨教授がデザイナーとして契約。以後、戸野教授は設計のかたわら、日本庭園への理解を進めるため、地元のお祭りやテレビ・ラジオ等の媒体などでアピールに尽力しました。5月のローズ・パレードに参加し賞賛を浴びる戸野教授の姿は、今も忘れません。

戸野琢磨教授とは、どんな人だったのか？

ポートランド日本庭園を設計した戸野琢磨教授は、1891 年生まれ。ポートランド日本庭園の設計を契約した時はすでに 71 歳でした。

戸野教授の略歴に触れると、1916 年に北海道帝国大学農学部を卒業後、渡米しコーネル大学のランドスケープ学科に進学。4年間の課程を２年で卒業し修士課程に進学、1921 年にランドスケープ修士号を取得します。

1923 年に日本に帰国し、翌年から早稲田大学理工学部建築科で庭園学を教える非常勤講師になり、1943 年まで務めました。

並行して、1924 年からは日本初の造園設計事務所「戸野事務所」を開設。「札幌東本願寺墓苑」、「石橋迎賓館」、遊園地として有名な「豊島園」、「資生堂アートハウスの庭」、慶応義塾大学の「日吉のイチョウ並木」など、数多くの設計を行っています。また、ブルックリン植物園の「砂と石の庭」、「Gardena Mayme Dear Library の日本庭園」、この本で取り上げる「ポートランド日本庭園」など海外の作品も多く、アメリカ大使館など外国大使館の庭園も数多く手がけました。

1953 年から 1969 年までは、東京農業大学で庭園学を教え、私、平欣也（ひらきんや）がその教えをいただくことになりました。

戸野教授は、背は 168 ㎝くらいあり、痩せていました。しかし、当時 70 歳を過ぎても、庭については、あふれんばかりの情熱をもっていました。

ポートランドで一緒に作庭する時には、例えば、川にかかる灯篭（とうろう）一つ置くにも、納得するまで何十回も試行錯誤を繰り返します。1 日かけて、どう置くか検討しても、なお気に入らず、いったん帰宅した後、夜中に私を呼び出し、パワーショベルで灯篭を動かすこと 10 数回、明け方までかかって直しました。そういうことは何度もありましたし、日本に帰ってからも、庭園のイメージが頭に浮かぶと、国際電話を使って、こちらが真夜中でもかけてこられました。どんなことにも妥協を許さない真の芸術家でした。

その反面、「この花が、この木が水を欲しがっている」と、常に植物に心の耳を傾けるやさしい方でもありました。私は、造園をめぐる様々な美術的・技術的な教えをいただくばかりでなく、精神的な面でも、大変良い勉強をさせていただきました。

戸野琢磨教授

なぜ、私が戸野教授の助手として造園建築士になったのか？

私は、本庭園の造園建築士に着任した時、まだ28歳でした。なぜ、このような若造が、戸野教授の助手としてたった一人、ポートランド日本庭園造園の大命を与えられたのか、私の生い立ちから少し説明させてください。

私、平欣也は、1937年4月9日、東京の赤羽で生まれました。父は、外科医、母は眼科医です。代々医者の家系だったのです。4歳くらいまで東京にいましたが、その後、九州の博多に移り、父が戦争に取られてからは、母の実家がある広島で育ちました。

学校に通うころには、アメリカの戦闘機から機銃で狙われたこともあります。アメリカの機銃は威力があるので、1発でも当たると、頭でも体でも吹っ飛んで即死です。親戚のノリ子ちゃんと一緒に橋の下に逃げ込んだり、怖い思いをたくさんしました。

また、1945年8月6日の原爆投下の時は、広島市近郊の小学校にいました。朝の音楽の時間、「ピカッ！」と真っ白な光が教室に射し込みました。私は直接見ませんでしたが、教室内が稲妻に照らされたようになったことを覚えています。みんな「何が起こったんだ？」と窓に殺到しましたが、その瞬間、ものすごい爆風が私たちを吹き飛ばしました。

窓ガラスが粉々に砕け、私を含め全員が血だらけになりました。私は茫然とし、その後のことはハッキリ憶えていないのですが、血だらけのまま家に帰りました。

戦争中は、そういう辛い思いもしましたが、父親が戦争から帰り、父方のふる里である鹿児島県阿久根市に戻ってからは平穏に暮らしました。

父が柔道6段だったので、小学校に上がる前から父に柔道をたたき込まれました。合気道も習いました。そのおかげで柔道はどんどん上達し、高校時代は柔道が強い広島の広陵高校に通い、目立つ存在になりました。そして県大会では、対戦相手を6人連続で倒すという、当時、新聞を飾るような成績も収めることができました。

大学は、両親の勧めもあり医学部に進みました。最初は、東邦医大に入り、日本大学医学部に移りました。そこで3年間学びましたが、どうしても医者の道は自分になじまず苦しみました。

そして、とうとう24歳の時、親に黙って医学部を辞め、東京農業大学へ入り直しました。大好きな造園を学び、卒業後は、造園家になろうと考えたのです。幼いころに育った母方の祖父の家が大きな庭を持っていて、そんな庭園を造りたかった。

しかし、勝手に医学部を辞めたことから父親に勘当され、お金がなく、最初は柔道部の部室に寝泊まりしました。そして、アルバイトに明け暮れる苦学生の日々が続きました。

農大では希望どおりに造園を学びましたが、私は4年間、医学部という回り道をしたため、年齢のハンデがあります。卒業後、就職先を探しても、皆より4歳年上なため、年下の先輩に使われることになり、イヤだなという思いがありました。

大学3年生からのゼミを検討するころ、農大の内藤学長から「君、将来はどういう道を考えているんだ？」と声をかけていただきました。私は柔道部で強い方だったので、柔道部顧問もしていた内藤学長にかわいがられていたのです。

「外国へ行きたいです。外国で日本庭園を造りたいのです」と言うと、

「じゃあ、戸野先生がポートランドに日本庭園を造る計画があるので紹介しよう」と言ってくださいました。

そして、学長室で戸野教授に引き合わせてくださいました。

「この平くんは、柔道が強い。マッサージもうまいよ」と。

戸野教授には、授業で習ったことはあるものの、それ以上の面識はありませんでした。しかし、これを契機に、私は戸野教授の研究室のメンバーになりました。

当時、戸野教授の研究室には4人の先輩がいて、戸野教授が描いたポートランド日本庭園の図面の下描きを清書したりしていました。

後から戸野研究室に入った私は一番下っ端で、アメリカ行きは一番年長の助手が有力候補と目されていました。

それでも戸野教授は、5人の候補生に分け隔てなく接してくださいました。戸野教授の設計図を基に実際に庭師を指示して庭園を造る経験をしたり、茶室や橋の建造などを学ぶため“宮大工”の下働きをしたり、私を含む5人に

修行の場を与えてくださいました。外国での造園にも、サポート役で派遣し経験を積ませてくださいました。

農大の４年生になった1964年、私はすでに27歳になっていました。その年、イギリスのケンブリッジ大学で日本庭園を造る手伝いをし、帰りには、ヨーロッパ各地の庭園を見学しました。中でも私が特に感動したのは、パリのユネスコにイサム・ノグチ氏が作った庭園で、「私も西洋人の美的感覚に合う新しい日本庭園を、外国で造ってみたい」と思いました。

先に書いたように、アメリカ行きを望むきっかけは「日本の会社で、年下に使われたくない」という思いでしたが、イサム・ノグチ氏などの庭を見てからは、「外国で日本庭園を造りたい」という気持ちが高まりました。また、戸野教授が「アメリカで半日働くと農大の１カ月分の金額になる」とおっしゃったことも魅力でした。当時は「１ドル＝360円」で、ドルがものすごく強かったのです。

私は、アメリカへ行けるよう、戸野教授にアピールしました。

５人の候補生の中で、私は一番日の浅い弟子でしたが、戸野教授は私が柔道に強い点に注目していました。道場まで見に来て、

「君、柔道が強いな。アメリカでは、日本人をなめる奴がいるんだよ。君みたいな武道の達人がいると心強いな」

と言ってくださいました。

私は、自分にもチャンスがあると思い、医学部出身で注射ができることもアピールしました。戸野教授は喘息（ぜんそく）持ちで、喘息の発作を治めるには注射が一番という話があったため、「アメリカでイザ具合が悪くなったとき、私は注射もできます」とアピールしたのです。

そして、自分の腕にブドウ糖注射を打って見せました。４年ぶりの注射で、針がうまく血管に入らず、血がダラダラ流れてしまい「もういい！見たくない。帰れ！」と怒鳴られましたが、先生に熱意は伝わったようです。

こうして、戸野研究室の誰もが予想しなかったことでしたが、一番日の浅い弟子の私が抜擢され、1964年の12月、私のアメリカ行きが決定しました。

1965年5月、アメリカへ旅立つ

1965年5月、羽田からアメリカへ発ちました。農大の学生や先生がたくさん来て見送ってくれました。名物の“大根踊り”も出ました。

私が医学部を勝手に辞めて以来、父からは勘当状態でしたが、アメリカ行きは電話で伝えていました。「どこへでも行け」という返事でした。

だから、まさか両親が鹿児島から羽田まで見送りに来るとは思いませんでした。4年ぶりに会った父は白髪が増え、体が少し小さくなったように見えました。ブスっとした表情で「風邪ひくな」とだけ言いました。

しかし、私はそれまで父親に見捨てられたと思っていたので、見送りに来てくれたことがうれしく、涙が出ました。当時、飛行機代はものすごく高かったので、今度いつ両親に会えるかは分かりませんでした。

飛行機に乗ってもまだ私が泣いていると、「お前、どうした？大丈夫か？」と戸野教授がいぶかりました。

パンアメリカン航空に乗り、途中、ハワイで給油し20数時間かけてポートランドに着きました。

すでに夕方でしたが、早速、戸野教授と、日本庭園予定地の小高い丘へ登りました。そこからの眺めは素晴らしいものでした。左手に富士山に似たセントヘレン山、正面には遠くフッド山などの美しい山並みが見えました。眼下には、ウィラメット川、そして、整然としたポートランドの街並みが広がり、庭園予定地の周りはモミの大木（ダグラスファ）がうっそうと茂り、自生のシャクナゲやツツジが咲き乱れていました。

〈この景色をすべて借景にして、壮大な日本庭園ができるぞ〉

と、心が躍りました。

ただし、自分たちが立つ建設予定地は、古びた動物園の跡地で、動物を飼っていたコンクリートの施設や、鉄サビた檻があちこちにあり、獣の臭いが漂っていました。これらを、ダイナマイトで壊し、ブルドーザーで地形を作り直すことから始めるのです。そして、何千個もの石を置き、滝や川の流れや池を作り、橋を作り、木を植えていく……。

そんな手順を考えていました。前途に思いもよらないさまざまな困難が立ち塞がることは、まだ想像もできませんでした。

ポートランドの丘から—1965 年当時

同じく—2016 年（写真提供①）

図面から庭園をどのように造るか？

翌日から私は「オレゴン日本庭園協会」の一員となりました。ポートランド市が支援をするため、同じ事務所には、市の職員も何人か入っていました。

私は、早速、戸野教授と工事現場に出ました。

当時は、市側が雇った業者がダイナマイトや削岩機で動物園跡を壊し、私は、土木作業員と共に、その残骸を片付けながら、ブルドーザーで整地をするのが最初の仕事でした。あたりは、まだ動物の異臭が漂い、ダイナマイトなどで壊されたコンクリートや鉄柵の破片が、転がっていました。

そして、整地を進めながら、平庭、石庭、大滝、川の流れと池……と、四カ所でベースとなる地形を造っていきました。土木作業員 20～30 人で、ブルドーザーやピッケル、シャベルを使って動物園時代の歩道や階段を壊します。モミの大木（ダグラスファ）を倒し、ある所は高く盛り上げ、ある所は土地を削り、図面の高低指定に従って造成しました。

こうして、戸野教授が描いた設計図のイメージ通りに、地形から築いていったのです。

最初に手がけたのは「平庭」です。戸野教授と私は、図面を片手に正確に平庭の形を石灰で描いていきました。

「ここは、京都の大徳寺黄梅院（だいとくじおうばいいん）の瓢箪（ひょうたん）池をイメージしたんだ」

戸野教授の言葉を聞きながら、石灰で瓢箪の形も描きました。

もちろん、まだ大滝はできていませんでしたが、

「奥に造る大滝から水流が落ちる音が聞こえて、流れが正面の石橋の下から押し寄せて来る……。そういうイメージだ」

戸野教授は、完成した庭が見えるかのように説明します。

石橋の位置、園路の位置も、同様に石灰で地面に描きました。現在、平庭にある大きな舞孔雀（まいくじゃく）モミジの位置などもこの時、定めました。

あまりにも面積が広いので、当初の設計図から臨機応変に位置を変えた部分もありますが、そうやって、教授の図面通りに地面に写していきました。

「池泉回遊式庭園」に造る川の流れや大滝も、同様に地面に描き、それをベースに、土地を造成していきました。

この時の戸野教授の滞在予定は３週間でしたので、この間にできるだけ、

建設予定地は、もともと動物園だった

戸野教授のイメージを粗削りでも造っておきたいと思っていました。

戸野教授が日本に帰ると、あとは年に１回、７月末に来るだけです。その間は、私が指示し、戸野教授の描いた図面・スケッチ・文章を基に造ります。

「図面」は平面図で、どこに山がある、滝がある、どんな形の川があるということが記された設計図です。

「スケッチ」は、完成した日本庭園の主要な姿をいろいろな角度から描いたものです。日本庭園は、西洋庭園より起伏に富むので、スケッチは重要な役割を果たします。教授の描くスケッチは素晴らしく、横山大観の絵のようでした。しかしスケッチは主要な所しかなく、後は私に任されていました。

「文章」は、フィーリングを文章で書いたものです。例えば、「小川が、木漏れ日の光でキラキラ輝いている」「切なくて泣きたくなるような石組みに仕上げていく」といったような感じです。

教授がいない間はこれらが頼りで、それでも迷う場合は、教授に国際電話をして聞き、後は、自分の想像力で補うしかありません。

だから、最初の３週間、教授の指示を直に仰ぐ機会は貴重でした。ともかく、教授のイメージに近づくように、庭園の基礎工事を進めていきました。

大学３年生で戸野教室の一員になって以来、戸野教授は、ゼミ生にさまざまな経験の場を与えてくれました。日曜日、休日、春・夏・冬休みには、設計会社へ見習いの形で入り、設計図の描き方、施工、クレーンやブルドーザーの免許取得と実地操作、宮大工の下での修行、海外での日本庭園造園の手伝いなど、いろいろ学びました。私は日大の医学部時代に教養課程の単位を取得していたので、農大では教養課程の授業に出なくて済みました。そのため、茶室、日本庭園用の橋、武家門など日本庭園用の特殊な建築を行う建設会社へ行き、茶室や橋の造り方を徹底的に教わりました。そうした経験をさせていただいたので、造園の仕事自体は迷いなくできました。

教授が帰ると、日本人は私１人になってしまい、しかも現場の施工管理をすべて任されるのは初めてでしたので、心細く思いました。けれども、日本で、造園の修行はたくさんして来たので、「１人でも必ずできる！やってやる！」と思いました。

しかし、実際は、造園以外に、思いもよらぬ困難が待ち受けていたのです。

戸野教授のラフスケッチ（平庭）

日本人差別、反対運動

予想していなかった“困難”の一つ目は、「日本人差別」です。

私がアメリカに着いた1965年は、黒人をはじめ少数民族の公民権運動の真っただ中で、人種間の争いが絶えませんでした。また、日米戦争の終結からまだ20年しか経っていなかったので、日本人に対する反日感情がまだまだ根強く残っていました。戦争中のプロパガンダの影響で日本人を「野蛮人」「恐ろしい山猿」と思っている人がたくさんいたのです。

「ジャップ・ゴー・ホーム（日本人は帰れ）！」

と何度言われたことでしょう。

例えば、こんなことがありました。私と教授がポートランドの下町の床屋へ行った時です。20分ほど並び、私たちの順番が来ましたが、床屋の店員は、私たち二人を飛ばした先の客を呼ぶのです。戸野教授が抗議すると、

「ユー・アー・ジャパニーズ（お前たちは日本人だ）。ユー・キルド・マイ・ファーザー（お前たちが、自分の父親を殺した）」と言います。

どうやら、私たちが日本語で話すのに気づき差別しているのです。ほかの店員も来て「ゲット・アウト・ヒア（出て行け）！」と憎々しげに言います。

教授は猛然と抗議しましたが、4人の店員に拒否されては手の打ちようがありません。そんな、今では考えられないような差別があったのです。

しかも、この差別の意識は、我々の日本庭園にも向けられました。一部の住民の反対運動です。

ポートランドの大多数の人々は、日本庭園に賛成でした。けれども、根強く反対する人々もいたのです。

「We don’t want a Japanese garden!（日本の庭なんか欲しくない！）」

「You Japanese killed my son!（お前ら日本人が息子を殺した！）」

——といったプラカードを持ち、連日20人ほどが反対していました。

これらの抗議は、日本庭園ができるに従いエスカレートし、2年後の開園以降もしばらく続きます。ペンキで門や塀、茶室に抗議文が書かれたり、夜中に石灯籠をひっくり返されたり、何度も色々な形で妨害行為がありました。

しかし、「自由の国」アメリカでは、反対する自由もあります。我々は、理解してもらえる日を信じ、黙々と仕事を続けるしかありませんでした。

警察に捕まる

ポートランドに来て３週間目、あと２日で教授が帰国するという日に、事件が起きてしまいました。私が、警察に捕まってしまったのです。

その数日前、私は、初めての給料をもらい、通勤のために500ドルで中古車を買いました。そして、日曜日、ハイウェーを飛ばしていると、雨が降ってきてフロントガラスが次第に曇ってきました。しかし、買ったばかりのアメリカ車で、どうすればフロントガラスの曇りが取れるのか分かりません。ハンカチでフロントガラスを拭きながら走っていると、車がついつい蛇行運転になってしまいました。

「ウーーーーー」どこからともなくサイレンの音が聞こえてきて、パトカーが現れました。そして、私の車を追い越して止まりました。

「Come Out！（出てこい！）」警官が怒鳴ります。

私は言い訳をしようとしますが、英語が未熟でうまくしゃべれません。

「Steam No Come Out……No see……No see……」

うまく言葉が出ないでいると、警官は怒りはじめ、

「Hey！Jap Come Out！Jap！」と車のドアを開け、私の襟をつかみ引きずり出そうとします。腹が立ち、思い切りドアを開けると、ドアが警官に当たってよろけ、後ろの警官にもぶつかり、そのまま二人して道路脇の斜面を転がり落ちてしまいました。道路は両側が蔦(つた)の生えた坂で、その蔦が雨に濡れて滑りやすくなっていたのです。

警官は、激怒して「Goddamn！Jap!!」と叫び、拳銃を抜きます。

恐くなり「逃げよう！」と車を出そうとすると、坂下５ｍの所から警官が拳銃を撃って来ました。

威嚇射撃だったのでしょうが、ヒュン、ヒュンと弾丸が頭上をかすめます。警官は、雨に濡れた蔦の坂道をすべりながら這い上がり、

「Don’t Run！ I shoot you！（走るな！お前を撃つぞ！）」

「Goddamn！Jap!!」

二人の警官の物凄い剣幕に、「これは、抵抗すると殺される」と思い、私は手を挙げました。

「Goddamn！Jap!!」警官は、私に後ろ手で手錠をかけ、襟首をつかんで、豚

の尻を蹴るようにして私をライトバンの荷台に蹴り込みました。
よほど腹が立ったのでしょう。ポートランド警察に着くまで、警官は「Goddamn！Jap!!」と繰り返していました。
私は、戸野教授があと２日でポートランドを発つという日に大問題を起してしまい〈どうしよう!? 戸野先生に迷惑をかけないようにできないか？〉と、千々に乱れる心でそれだけを考えていました。
そこで、私は、警察署に着くと電話をかけさせてもらい、戸野教授に「体の調子が悪いので、休ませてください。飛行場にも見送りに行けません」と伝えました。そして、警察の質問には、英語が全く分からないフリをし、旅行者を装い、身分を明かしませんでした。
このため、「公務執行妨害」の罪で、地下の留置場へ入れられました。
留置場の中には、５～６人の黒人とメキシコ人の先客がいました。留置場内は寒かったので毛布を被って寝ようとしましたが、彼らが毛布を無理やり奪いに来ます。そのうえ、「You have nice body」とホモが言い寄って来たり、ロクな目に遭いませんでした。そいつは蹴り飛ばしてやりましたが、東洋人の私に嫌がらせをするつもりがあったようです。
しかし、私がやけくそ気味に大きな声で石原裕次郎の「嵐を呼ぶ男」を唄い、少林寺拳法の型を演じて体を温めたりしているうちに、
「Is this Japanese KARATE？（これは空手か？）」と黒人の一人が聞き、少しだけコミュニケーションが生まれました。私は、黒人たちに空手の型を教えてやり、そして、嫌がらせはなくなりました。
こうして、戸野教授の旅立ちまで２日間、留置場で我慢し、３日目、警官に言いました。
「I am working at Japanese-Garden. Please Call MAYOR Schrunk！（私は、日本庭園で働いている。シュランク市長を呼んでくれ！）」
はじめは、まともに取りあわない警官たちでしたが、問答の末、シュランク市長に電話がつながると、市長は即座に隣の市庁舎から警察署へ来てくれました。
そして、来るなり私の肩を抱き
「２日間も行方不明で、平に事故があったのかとみんな心配していたんだ」

と言ってくださいました。

警官たちは、みんなびっくりです。そんな警官たちに、市長は、

「マイベストフレンドの戸野が選んだミスター平に、なんてことをしてくれたんだ！」と怒鳴ります。

結局、私を捕まえた二人の警官が呼び出され、市長から

「こいつらをクビでも減俸でも、平さんの好きなようにしてやる」

と言われましたが、彼らは「それだけは許してくれ」と泣きます。

私は、二人の警官が「Goddamn！Jap!!」とさんざん私を足蹴にしたことに腹を立てていましたが、私も英語が下手で不審な感じを与えたことを反省し、二人には謝罪だけを求め、最後は二人の警官と握手をして別れました。

アメリカに着いて、20 日目の試練でした。改めて、ここはアメリカであり、警官といえども日本人を「Jap！」と呼び捨てにする所に来たのだと思い、身を引き締めました。

なお、この時の警官のうち１人は、後に柔道に興味を持ち、私が通う道場で一緒に学び、高段者になりました。

土木作業者の反抗

警察から戻り、早速、仕事に就くと次の試練が待っていました。土木作業者たちの反抗です。

戸野教授が帰国した後、土木作業員たちの様子がどうも今までと違うことに気づきました。なんだかダラダラしているのです。

私は、戸野教授のように流ちょうな英語を話せなかったので、うまく意思疎通ができません。日本の学校で英語を習っていたので、読み書きはある程度できたのですが、「話す・聞く」の能力が身についていませんでした。そこで、私は、土木作業員たちに筆談で指示を出すのですが、驚いたことに、30 人ほどいる土木作業員の半数以上は英語の読み書きができないのです。このため、戸野教授の帰国後は、急に仕事が進まなくなりました。

数日すると、私が仕事を指示しても、無視する者が出始めました。タバコを吸ったり、サボってばかりいます。挙げ句の果ては、午後４時半まで仕事をする契約なのに、３時半になると仕事を終え、ブルドーザーなどを洗い始

めるのです。
「No No. You must work」と叱りますが、
「もう、疲れた」だの「給料が低いから」だの文句ばかりで言うことをききません。私は、完全になめられてしまったようです。
30人いる土木作業員を10人ずつ3班に分けて、平庭、池泉回遊庭園、石庭の大体3カ所で作業をさせていたのですが、どの班もそんな有様で、皆、動きがのろく、ヤル気が全く感じられない有様でした。
〈これでは、いけない。このままでは仕事にならない……〉
私は悩みました。しかし、英語がうまくしゃべれないため、彼らを説得する自信がありません。
すっかり困り果てましたが、その時、大学生のころ戸野教授が言った
「君、柔道強いな。アメリカでは、日本人をなめる奴がいるんだよ。君みたいな武道の達人がいると心強いな」
という言葉を思い出しました。
〈そうだ！日本の武道で俺の力を見せ、ボスとして認めさせよう〉
そう思いました。
翌日の昼食時、皆が食事を摂る前で私は言いました。
「誰か私とレスリングをやらないか？私が日本人の力を見せてやろう。もし、私を地べたに転がすことができたら、みんな午後3時半に帰っていいよ。その代わり、もし私が勝ったら、私をボスとして認め、まじめに午後4時半まで仕事をやってもらう。どうだ？」
皆の前で胸を張り、冗談交じりの余裕の表情で誘いました。
「イージー（たやすいことだ）。OK」
作業員の中で一番大きなロバートがニヤニヤしながら言いました。ロバートは身長190㎝以上、体重は100キロを超える巨漢で、身長167㎝の私から見ると、見上げるような男でした。
周囲の男たちが「レッツ・トライ（やってみろ）、ロバート！」とけしかけます。皆にはやし立てられ、ロバートもその気になりました。手にしたハンバーガーを食い終わると立ち上がり、
「カムオン！（さあ来い！）」私の前で手招きします。

　そして、いきなり熊のように両手を広げかかって来ました。
　私は、父から柔道と合気道を習っていましたが、柔道は、力を使って相手を投げるので、あまり体重差があると勝ち目はありません。そこで、私は、相手の力を利用する合気道でやろうと考えました。
　ロバートが片手で私の肩をつかもうとしたところを両手で絡め取り、彼の腕をひねって背中側で反転し、同時にロバートの足に私の足をかけると、彼は腕をひねられ、足をかけられたので、たまらず芝生の上に転がりました。
　ゴロンと転がったロバートは、どうして転がったのか分からず、キョトンとしています。不思議そうに私を見上げた後、
「ワンモアタイム（もう１回）！」
と叫ぶと、再びかかって来ました。
　しかし、何度やって来ても同じです。
　ロバートは再び芝に転がり、困ったような、不思議な顔で私を見上げます。周りの作業員たちも、ポカーンとして、私を見ています。
　その時、ロバートと仲の良い大男ビルが、突然、私を襲って来ました。
「おっとっと……」危なく捕まえられそうになりましたが、やはり合気道の要領で腕を取り、柔道の荒技で放り投げ、２〜３回転させました。
「ワォーッ」奇声を上げながら転がるビルを見て、皆、静まり返りました。
　そして、土木作業員の親分格のヒューが言いました。
「アー・ユー・マジシャン？（お前は魔術師なのか？）」
「ノー。アイム・ランドスケープ・アーキテクト。レッツ・ワーク！（いいや、私は、造園建築士だ。さあ、一緒に働こう！）」
　その声に、逆らう者はありませんでした。

　翌朝、庭園に出勤すると土木作業員が皆、笑顔で挨拶をしてくれます。
「グッドモーニング！ハウ・アー・ユー」
　目をキラキラさせて私を見るのです。
　私が作業者たちに指示を出すと、「イエス！ヒラサン！」皆、大きな声で返事をし、駆け足でそれぞれの現場に向かいました。
　私は、彼らに“ボス”と認めてもらえたようです。私は、合気道の力に今

さらながら感服しました。寝ているところを父に耳を引っ張られて小さいころから学んだ武道が、今、ここアメリカで役に立ったのです。
〈ありがとう、お父さん〉心の中で言いました。
彼らは、私をボスと認め、以後、良好な関係になりました。
また、彼らの中には「武道を教えてくれ」と頼む者が何人も現われました。私が大男を魔法のように投げた力に興味を持ったようです。
それで、近くに道場を探してみると、日系２世が運営している柔道場がありました。試しに入門すると、日系２世の道場主は私のことを気に入ってくれ、土木作業員たちの入門も歓迎してくれました。また、そこには、ほかに日系人が何人も通っており、私は日系人の友達も得ました。
こうして、柔道場は、ポートランドにおける私の大事な場所になり、入門した作業員たちに柔道を教え信頼関係はさらに厚くなりました。
作業員たちは、皆どんどん上達し、とてもうれしそうでした。そして、その中からは、後に地区の柔道大会で優勝する者さえ現われました。それは素晴らしい、とてもうれしいことでした。
しかし、私は一方で思いました。
〈武道で彼らを魅了できたことはうれしい。けれど、美しい日本庭園を造り上げて、彼ら作業員の心、さらにはアメリカ人みんなの心を感動させたい。日本人の美意識を分かってもらいたい……〉
〈私の使命はアメリカで一番の日本庭園を造り、日本の文化、日本の心、日本の思想や芸術を伝えることだ。それらが分かって、初めて本当の武道の心も分かるのだし、日本庭園を造る心、手入れして維持し守っていく心も生まれるのだ〉
そう思いました。
アメリカには、すでに日本庭園がいくつも造られていましたが、カリフォルニアの日本庭園をはじめ、植栽の手入れがデタラメで、見るも無残になったものも少なくありませんでした。そうならないためにも、アメリカの人々に、日本人の美の心を分かってほしかったのです。

日本庭園を愛する公園課長エレクソン

こうして土木作業員との信頼関係ができる一方、私はもう一人大切な人と信頼関係ができました。ポートランド市の公園課長のエド・エレクソンです。先に書いたように、ポートランド日本庭園は、オレゴン日本庭園協会が作り、その現場責任者は私でしたが、ポートランド市もこれを支援し、市側の責任者が公園課長のエレクソンでした。

彼は、私より20歳ほど年上で当時40代後半でした。オレゴン大学で造園学を学び、オレゴン州のあちこちに庭園を造って来た優秀な人でした。

彼が何より愛していたのが日本庭園で、彼の家に行くと、大判の高価な日本庭園の本が20～30冊も並んでいました。当時、英訳された本はなく、どれも日本語で書かれ、彼は日本語が読めないのですが、奥さんの話によると、いつもそれを引っ張り出して眺めているのだそうです。

彼とは、よく山や川に石を調達しに行きました。日本庭園には、ゴツゴツした山の石や、丸い川の石を何千個と使います。市の許可を得て、それらを採取に行くのです。計500トン余りも運びました。

石を選びに行く日は土曜・日曜で、本当は休みなのですが、エレクソンは、いつも朝7時になると、私の住居に誘いに来ます。

そして、車に乗って、二人でフット山などに石を選びに行くのです。ふもとからは車を降りて山に入り、1日がかりで日本庭園のイメージに合う“良い石”を探します。そして、良い石にはテープで目印を付け、運ぶのは後日、作業員が大勢で来て行います。

エレクソンは日本庭園好きでしたが、石選びには口を出しません。

「平サン選べ。私は、日本庭園についてはアマチュアだから……」

と言っていました。

そんなふうに、フット山で石を探していたある日、

〈この石が良いけど、裏側はどうなっているんだろう〉と木を石の下に入れテコで動かすと、いきなり数十匹のヘビが四方八方へ飛び散って来ました。地元で「ラトル・スネーク（鈴ヘビ）」と呼ぶ毒ヘビです。

私は飛び退きましたが、エレクソンは転んで噛まれてしまいました。コブ

エレクソン（左端）と談笑する

エレクソンと石庭で（写真提供③）

ラに次いで毒が強いと聞いていたので、私は焦りました。
　見るとエレクソンは顔が真っ白です。
「大丈夫か？」と聞くと、
「オーケー、オーケー」と言いつつ、徐々に声が小さくなっていきます。
　私はあわてて、山中にある消防署の出張所まで走りました。１km近くを駆け下り出張所に着くと、すぐに担架を担いで署員が来てくれましたが、着いた時にはエレクソンの脈はほとんど触れなかったようです。消防署員は、
「オルモウスト・ダイ（ほとんど死んでいる）」
　と言うではありませんか！
　すぐに心臓マッサージを始め、電気ショックを与え、血清を打ちました。毒ヘビによる事故はしばしばありましたから、消防署には血清があったのです。
　おかげで、エレクソンは目を開けました。
「エレクソン、アー・ユー・オーケー？（大丈夫か？）」と聞くと、
「アイ・ドント・シンク・ソー（そうは思えない）」と答えます。
　そのままエレクソンは担架に乗せられ、救急車で病院へ入院しました。
　幸い、エレクソンは命を取りとめましたが、毒は血液に乗って体中の組織に影響を与えており、１カ月近くも入院しました。
　その間、何度か見舞に行きましたが、枕元に日本庭園の本をたくさん並べ、１人でいる時は、いつもそれに見入っていました。
　１カ月してようやく退院しました。私は〈真面目なエレクソンも、さすがに懲りて、もう山に石を取りに行かないだろう〉と思いました。
　しかし、驚いたことに、次の土曜日、朝７時に私のドアをたたく者がいるのです。ドアを開けると、やはりエレクソンでした。
　あれだけの目に遭ってなお、退院後すぐに山へ行くのか……とエレクソンの情熱と真面目さに感動しました。
　ポートランド日本庭園は、そのような熱意ある人の努力によって完成に至ったのです。

平庭を造る

メインゲートである「武家門」のすぐ前にあるのが「平庭」です。平らな庭の中央に石庭を配したこの庭から本格的な作庭に入りました。

その中央には、京都の竜安寺（りょうあんじ）のように石を敷き詰めた「石庭」を作りますが、ここでの一番の問題は、石庭の中から木や草が生えないようにすることでした。

特に、平庭を造る場所は、「ダグラスファ」と呼ばれるモミの大木がたくさん植わっていた所なので、種が無数に落ちています。また、「デボグラス」という強力な雑草が生えて来ます。そのことに、戸野教授は神経を使っていました。

東京農大で実験したところ、プラスチックの板を敷いても、ダグラスファの種は強力なので、それを突き破り、デボグラスもそこから出て来ることが分かりました。そこで、戸野教授は実験を重ね、当時アメリカにない強力な「シードキラー（殺種剤）」を用意し、24 cmの深さまで耕してこれを土中に混入、その上に「ウィードキラー（除草剤）」を撒き、厚さ２mmのプラスチック板で覆う方法を開発しました。

「平庭」の面積は、農大で行った実験とは比較にならない広さですが、実際もこれと同じ方法で、24 cmの深さまで耕して「シードキラー」を混入し、その上に「ウィードキラー」を撒き、厚さ２mmのプラスチック板で覆いました。プラスチック板はロール状になっており、幅２mのものを、少しずつ重ねて敷き詰めました。そして、プラスチックの隙間には、「グルー」と呼ぶ特殊な糊（のり）を塗り、完全に密閉しました。

日本庭園は、木々の成長と共に何十年も経って完成していくものなので、このように何ごとも、後の管理がうまくいくよう、最初に基礎の部分を念入りに行います。誰にも見えない部分ですが、基礎をおろそかにはできません。基礎をしっかり造ることが、庭園を永続的に繁栄させるために必要であると、東京農大の授業で教え込まれていました。

そして、すべてプラスチック板で覆ったのち、プラスチック板の上に約18 cmの厚みで白砂利を敷きつめました。

予定では、これでＯＫのはずでした。しかし、地元で調達した白砂利はサ

平庭に現地産の白砂利を入れる（写真提供④）

平庭の「杯」にグランドカバーを植える（写真提供④）

イズが少し大きすぎました。砂利の直径が約１㎝もあったため、京都の石庭のように、波や渦巻きの「砂紋」をきれいに描けなかったのです。

そこで、翌年７月末に戸野教授が来た時に、この状況を実際に見ていただき、庭園協会のミーティングを経て善後策を講じました。

具体的には、戸野教授が帰国後、京都へ赴き、京都の竜安寺やその他の石庭で敷かれている直径が３ｍｍくらいの「白川砂」を入手。京都から船便でポートランドまで送ってもらいました。

白川砂が入った布袋は横 30 ㎝×縦 20 ㎝で何千袋も届き、トラックで４～５台分はありました。これを平庭に 10 ㎝の厚さで敷きつめました (当時は、予算の都合で 10 ㎝でしたが、今は 15 ㎝敷きつめています)。

この白川砂は、直径が３ｍｍ程度と小さいため、砂の上に波や渦巻き形の砂紋が自由に描けるようになりました。

そして、白砂の大海の周りに様々な木々を植えていきました。日本庭園の木々は、“50 年後の育った姿”を見越して植えます。将来の木々の大きさや枝の広がり、紅葉の赤、黄色なども考慮して植えていきました。

造園中の庭を空から見る

池や川を造る

「平庭」の造園がある程度進むと、並行して、その西側に広がる「池泉回遊式庭園」を手がけました。ここは、小滝（茶室寄りの「長老の滝」）から“上（かみ）の池”に流れ込んだ水が、川を流れて“下（しも）の池”に至り、そこに大滝から水が流れ落ちる趣向です。広い空間に滝や池、川そして樹木に彩られた道を作り、それらを回遊して鑑賞する庭園なのです。

まず、戸野教授の設計図に基づき、ブルドーザーで二つの池を深さ 1.5m で掘りました。“下の池”は少し小さめですが、後ほど、ここに流れ落ちる「大滝」を造る予定です。

そして、上の池と下の池を結ぶ幅３mの川を造りました。この川には、後ほど「月の橋」と呼ぶ中央部が丸く盛り上がった木の橋をかけます。

池や川の底には直径５cm くらいの砂利を敷き、その上にコンクリートを打ち付けました。しかし、これだけでは、地震などでひびが入り、池や川の水が漏れてしまう危険性があります。そこで、さらに「No4」と呼ぶ太いスチールの鉄筋とワイヤーネットを張り、コンクリートを 17 cmの厚さで池や川の底全面に打ち付けました。

なお、これは開園してからずっと後のことですが、この池や川には、たくさんの錦鯉（にしきごい）を泳がせることになります。錦鯉は、体の模様がくっきりとし美的に優れたものが好まれ、高いものでは１匹 100 万円、200 万円、さらには 500 万円というものもあります。すべて日本から輸入します。

ここで、池の水についても書いておきましょう、

日本の池は、濁っているのが一般的で、鯉がいてもハッキリ見えるのは水面近くに上がって来た時くらいです。しかし、アメリカ人は、鯉が水中で泳ぐ姿を見たがり、池の水が透明であることを求めます。

そこで、戸野教授は私に「フィルターシステム」を作る方法を調べるよう命じました。日本の鯉業者に連絡をして、鯉のフンなどを除去して、常に水が澄んだ状態になるような装置を作ろうというねらいです。

戸野教授は、「日本庭園の池には、鯉の泳ぐ姿が大切である」と何度も力説しました。教授は、錦鯉を「動くダイヤモンド」とさえ言い、それが美しく泳ぐ姿を見られる池を切望していました。

池と川を造る（「上の池」から「月の橋」あたり）

おりしも、ポートランド市に住むＳさんという日系人の方から「日本から最良の鯉を寄付する」という申し出があり、教授は真剣に「フィルターシステム」の導入を考えました。

しかし、結局「フィルターシステム」は非常に高価なことが分かり、予算の都合で導入は保留になりました。そして、「日本から最良の鯉を寄付する」という話も立ち消えになりました。

私が調べた「フィルターシステム」が実際に導入されたのは、後年、私がポートランド日本庭園を去り、教授が亡くなった後なのですが、それでも、現実に導入されたため、今日では、ポートランド日本庭園の池は澄み渡り、鯉が水面に上がって来なくても良く見えます。

錦鯉が清水の中を泳ぐ姿に、天国の戸野教授はさぞかし喜んでいらっしゃることでしょう。

フィルターで澄んだ水の中を錦鯉が泳ぐ

川を造る（写真提供④）

川辺の土を整える（写真提供④）

「上の池」から「月の橋」を臨む（写真提供②）

「月の橋」と「すずかけの散歩道」の分岐点（写真提供①）

庭園内にトレーラーを置き住み家にする

こうして、庭園のあちこちに気を配りながら、徐々に庭の形を造っていきましたが、この間も、一部住民の反対運動は根強く続いていました。

夜間のいたずらや盗難が増え、ある朝、来ると、平庭に設置した石灯篭が倒され、倉庫が荒らされ中の物がまき散らされるという事件が起こりました。

「ジャップ・ゴー・ホーム！（ジャップなんか国へ帰れ！）」

倉庫に描かれた落書きを消しながら、悔し涙が流れたものです。

しかし、こんなことがあっても、予算が厳しくて警備員は雇えません。

そこで、私は、公園内にトレーラーハウスを持ち込んで、そこに住むことにしました。私は、それまで近くのモーテルに住んでいましたが、トレーラーハウスに住めば、夜中に庭園を荒らされるのを防ぐことができるし、朝早くから夜遅くまで仕事をするのにも都合が良いと考えたのです。

幸い、ポートランド市の許可も下りて、私は、今の「武家門」の前にあった広場に大きなトレーラーハウスを置き、住むことになりました。

このために、後に事件が起きるのですが、知る由もありませんでした。

トレーラーハウスの前に立つ若き日の著者

「月の橋（Moon Bridge)」を造る

２年目の 1966 年初夏には、「池泉回遊式庭園」の川にかける「月の橋（ムーン・ブリッジ)」を造りました。今日、ポートランド日本庭園のパンフレットなどに、よく写真を使っていただく、あの橋です。

戸野教授のスケッチでは、「太鼓橋（太鼓の胴のように半円形に反った橋)」の設定でしたが、白人大工のボスであるバーブに相談すると、

「こんな曲線の材木は手に入らない」と言い、作れないと両手を上げます。

そこで、私が東京農大や宮大工の人から学んだ方法で手作りすることにしました。

橋は、中央が盛り上がった曲線を描くため、まずは、曲線の材木を作ります。橋の底部、中段、手すり部について、左右１本計２本ずつ、合計６本用意しなければなりません。

こうした曲線の材木を作るのは、次の手順で行います。

①直線の材木の下側３カ所に、木の厚みの５分の１ほど楔（くさび）型の切り込みを入れる
②材木に水を十分かけ、両端に砂袋の重りを下げ、その重みで木を曲げる
③やがて木が渇くころに、少し全体が曲がるので、また水をかけ、さらに砂袋の重りを重くして曲げる
④③を繰り返し、どんどん砂袋を重くして、曲線を作っていく

――こうして２カ月ほどかけて曲線の材木を作りました。

曲線の材木ができてしまえば、もう問題はありません。一番太い２本を底部に置き、板で皆が渡る部分を作り、その上に柱を立て、中段部、そして手すりの部分の曲線材木をかませていきます。

柱のてっぺんには、京都の会社から寄贈された青銅の「冠」を付けました。

こうして出来上がったのが、現在もかかる「月の橋（ムーン・ブリッジ)」です。建設から 50 年が経過し、その間に何万人ものお客様がこの橋を渡りましたが、お陰様でビクともせずに、その姿を保っています。

後に、戸野教授が訪れた際、「良くできた」と褒めていただいたのも、懐かしい思い出です。

「月の橋」の土台を造る（写真提供④）

「月の橋」の橋げたを造る（写真提供④）

橋はクレーンで設置した（写真提供④）

橋の土台を石で覆う（写真提供④）

滝を造る

池と川と橋の次は、大滝と小滝を造りました。

滝については、アメリカに渡って来てすぐ、戸野教授に連れられフッド山へ行き、本物の滝をいくつも見せられ、滝の仕組みを教わりました。

「こういう滝を造るからな。よく見ておけ。音を聴け！イメージをつかめ！」

と言うのです。

「庭というのは、３＋３が６にならないのだ。造り方次第では、３＋３が０になったり、100 になったりするんだ」

そんな話も聞きました。

また、あるときは、コロンビア川にある滝のそばにテントを張って３日間泊まり、「滝を心で味わえ」と言われました。

「目で見た滝の流れはすぐに忘れるが、心で感じた滝は一生残る」

そうおっしゃいました。

このように滝のイメージを心に刻んだうえで、滝の造成を手がけました。

滝は、岩の上から流れ落ちるため、岩を組み上げます。まずは、小滝（長老の滝）について、岩を支える頑丈な基礎をコンクリートと鉄筋で組み、ブルドーザーで岩を池の側面に運び、一つひとつクレーンで組んでいきました。クレーンを使って岩を釣り上げ、基礎の上に美的に岩を組むのです。そこから流れ落ちる水の姿と音を想像しながら……。

大変だったのは、大滝です。大滝は、もともと動物園にあった丘の斜面を活かし、その上へ造成しました。しかし、ポートランドは雨が多く、斜面に岩石を乗せただけでは、重みで山が崩れてしまいます。何しろ岩石は４トン、６トン、一番重いものは８トンもあり、そうした岩石を 50～60 個、小さな石を含め 100 個以上も組み上げるのですから……。

そこで、決して崩れることがないよう、山の斜面に厳重に基礎を打ちました。コンクリートの基礎は、通常だと深さ 30 ㎝くらいですが、万が一にも崩れることがないよう、ここでは太さ２インチ（50.8mm）の鉄筋を入れた深さ 1.5mの基礎を打っていきました。

そして、基礎が完全に出来上がったのち、１個数トンある岩石をクレーンで釣り上げ、一つひとつ組んでいきます。４トンを超える岩石は、クレーン

２台で釣り上げます。
滝の石組みは、自然の滝の成り立ちを参考に造ります。つまり、上流から流れた岩が次々に引っ掛かっていくように、頑丈で巨大な岩を下に置き、その上に、岩と岩を組み合わせたり、引っ掛けるようにして、組み上げていきます。下から上へと組んでいくので、一番下の岩には、ものすごい荷重がかかりますから、後から崩れることがないように組むことが重要です。
もちろん、この時は、戸野教授の描いた設計図とスケッチを見ながら組んでいきます。“美観”には最大限に気を使います。完成時には、実際に水が流れ滝になるのですから、その水が流れ落ちる美しさ、水流が落ちる音、さらには、水の飛沫が飛び散る美しさも計算しなければなりません。このため、岩の一つひとつは、私自身が、コロンビア川で見た滝の姿を想像しながら組み上げました。
「大滝」は何十もの岩を組み上げましたが、主要な岩を組み上げている1966 年夏に戸野教授が来たので、滞在中は教授に見てもらいながら組み上げました。教授は、池を挟んだ対岸に立ち、岩を見ながら指示を出しました。
クレーン操作員が岩石を釣り上げ、私は滝の基礎の上に立ち、トランシーバーで操作員とやり取りしながら作業を進めます。万が一、岩石が私の上に落ちて来たら、何しろ何トンもある岩なので、ひとたまりもありません。作業は、慎重に進めました。
それでも、事故は起こります。ある日、教授が帰国した後の仕上げで、２トンの岩をゆっくり降ろし手で組み合わせていた際、いきなりクレーンのワイヤーが外れ、２トンの岩石が私の右手の親指に落ちてしまいました。
激痛が走りましたが、親指は岩石の下で、抜けません。血がドクドク流れ出し、私はクレーン操作員に「上げろ！上げろ！！」と言いますが、ワイヤーが外れているため持ち上がりません。
そこで、私は「鉄の棒を持って来い！」と、作業員に言いました。テコを使って持ち上げようと思ったのです。幸い、作業員が手ごろな鉄の棒を持って来てくれ、岩の下に挟んで数人で岩を上げて隙間を作ってくれました。
やっとの思いで私は指を引き抜きましたが、右の親指は血だらけで、完全につぶれたと思いました。けれども、すぐに病院へ行き処置をしてもらった

「大滝」建設中の１枚。人物は、左から戸野教授、ヒュー、著者（写真提供④）

おかげで、親指のほとんどは残すことができました。今でも、右親指の外側はえぐれたようになり、親指の先は感覚がなく、爪の生え方もおかしいのですが、ペンを持てるくらいには快復しました。
そんなこともありましたが、何とか戸野教授のイメージどおりになるよう数十もの岩を高さ 10m まで組み上げました。
「大滝」の脇には、「白糸の滝」も造りました。激しい水流の「大滝」は、水の色も青々として荒々しい自然を感じさせますが、その脇の滝は、細く白い流れを造り、「寂しさ、切なさ、悲しみ」を表現しました。そして、まるで白い糸が幾筋も垂れ下がっているように見えることから「白糸の滝」と名付けました（その後、水の流れが変わり、現在はなくなりましたが……）。
こうして外観ができた後は、お客様から見えない石の裏側の接合面を、すべてコンクリートで固めました。滝は、実際に水を流した時に、岩の裏側に滝の水が回って地盤を緩め崩れることが一番心配です。そこで、水漏れや岩の崩壊がないように、コンクリートで固めたのです。
そして、水が飛び散る辺りには、水を好む木を植え込みました。

「大滝」や「雪見灯篭」を望む戸野教授（写真提供④）

建設中の「大滝」周辺（写真提供④）

１年ぶりの戸野教授の来園と、やり直し

1966 年の７月末、１年ぶりに戸野教授がアメリカに来た際は、その間に造った庭を点検いただきました。教授が来るのは、年に１度夏休み中の８月だけであり、２～３週間程度しかいません。教授がいない間は、教授が描いた主な場所の設計図とデザイン図面が頼りで、それ以外のデザインは造園建築士の私に任すとのことでした。したがって、年に１度の教授の来園は、それまで私が造ったものが、教授のイメージにかなっているか判断いただく場であり、私にとっては出来のいかんを問われる緊張の場でもありました。

幸いなことに、上記の「月の橋（ムーン・ブリッジ）」ほか何カ所かは、教授に「良く出来ている」と褒めていただきました。ホッとすると共に、とてもうれしかったのを覚えています。

しかし、ある場所を見ると戸野教授は黙り込みました。どうやら教授のイメージと違っていたようです。それは、「平庭」に作った石橋で、向きが意に沿わなかったらしく、教授はしばらく黙って見つめた後、「良く出来ている。でも、僕のイメージとは違う。ここは、作り直してくれ」と言いました。

そのほか、教授の設計図どおりに置いた石灯籠や庭石の中にも、気に入らないものがあったらしく、設置し直しました。

石組みについては、「人間の目で見ないで、心眼（しんがん）（心の目）で石組みせよ」と言われたこともあります。

私は、戸野教授の芸術家魂は十分に知っていたので、直しが入る部分は当然あると思い、やり直しを全然苦にしませんでした。

現場では厳しく、時に私にも荒い言葉を投げかける教授でしたが、日本庭園のセンス、技術を私に教えてくださり、私はそれらがとても勉強になり、納得していました。

朝は、私が７時にホテルまで迎えに行き、昼食は私のトレーラーで食べ、夕方４時半には私が車でホテルまで送りました。その際、いつも夕食に誘っていただき、ホテルでごちそうになりました。また、土曜日の夜は、ナイトクラブにも連れて行ってくださいました。

しかし、ホテルで食事をする際も、大半は庭の話やポートランド日本庭園のデザインの話だったことを懐かしく思い出します。

「平庭」の一角で作業中の著者。右後ろに「濡鷺型灯篭」が見える（写真提供④）

同じく「平庭」の一角。木々がまだ若く小さい（写真提供④）

石庭（禅庭）を作る

戸野教授が、その夏一番念を入れて造ったのは「石庭（禅庭）」です。ベースとなる“白砂の庭”はすでに出来ていましたが、そこに配置する「仏陀」と「小獅子」を意味する石の設置に、戸野教授は一番気を遣いました。

まず、フッド山へ「仏陀」と「小獅子」のイメージに合う石を探しに行きました。そして、長い時間をかけ、「仏陀」の候補を５個、「小獅子」の候補を約 30 個、選びました。実際に使うのは、仏陀が１個、子獅子が７個ですが、頭の中のイメージを追求するため、その５倍ほど石を選び、石庭に持ち込みました。

そして、石庭の世界観に合うよう、「仏陀」と「小獅子」がイメージに合うよう、位置や向きを考えながら石を置きました。ああでもない、こうでもないと、石を取っ換え引っ換え試行錯誤を繰り返しました。日が暮れても、イメージに合うまで教授は一切妥協しません。

結局、完成したのは朝の４時過ぎでした。しかし、ようやく教授のイメージに適うものを造り上げることができました。

「石庭」に白砂利を入れる（写真提供④）

クレーンを使って石を置く（写真提供④）

「石庭」に石を置き、砂紋を描く（写真提供④）

石灯籠（いしどうろう）を設置する

　また、日本から運ばれて来た石灯籠をあちこちに設置しました。
　灯篭や庭石は、京都などから立派なものがいろいろ寄贈されていましたが、戸野教授の設計図にないものは、教授の判断を仰ぐこととし、倉庫にたくさんしまってありました。そうした石灯篭について戸野教授と相談し、庭園内に設置したのです。
　灯篭は、大小さまざまありますが、大体は土台、柱、灯篭部、傘の４つに分かれます。それらは、固定されておらず、バラバラになりますから、クレーンで釣り上げて、土台、柱、灯篭部、傘と重ねていきます。
　一番時間がかかったのは、「徽軫（ことじ）灯篭」でした。徽軫灯籠は日本の金沢の「兼六園」のシンボルとも言える独特の灯篭です。普通の灯篭は、一番上に笠があり、その下に灯篭部があり、その下はまっすぐ１本の柱になっているのが一般的ですが、兼六園から寄贈されたこの灯篭は、脚が２本あるのです。その１本を池や川の水につけて置くのが特徴です。灯籠の二股の脚の形が、琴の糸を支える「琴柱（ことじ）」に似ていることから名前が付いたと言われています。もともと水面（みなも）を照らす「雪見灯篭」というものがあり、これは３～４本の脚を持っているのですが、徽軫灯籠はそれが変化したものだと言われています。
　金沢でも人気があるこの徽軫灯籠を、どこにどう設置するか？戸野教授は、川や池のあちこちに設置しては、もっと良い置き方があるのではないかと悩みました。いろいろな場所に何度も設置し、夕方、一応の結論を得て、設置を終えましたが、それでもなお、教授は気に入らなかったらしく、夜中の２時ごろ、突然電話がかかって来て、「今からクレーンを出せ。徽軫灯籠を直す」と言います。たたき起こされた私の方はビックリでしたが、教授の“芸術家魂”は理解していましたから、二つ返事でクレーンを出しました。
　そして、真夜中の庭園に出て、周囲にライトを設置し、灯篭の置き方を直しました。結局、設置を終えたのは明け方でしたが、教授も納得する現在の形に無事に置くことができました。
　また、同じころ、五重塔も藤棚を抜けた突き当りに建てました。これは、札幌から寄贈されたもので、バラバラに運ばれて来たものを、一つずつ積み上げ、特殊な糊で固定して作り上げました。

「徽軫灯篭」を設置して間もないころ（1966 年）

まだ植栽が少なく、徽軫灯篭から茶室まで見渡せる

こうして、戸野教授が滞在した３週間の間に「大滝」の主要な岩を組み、「石庭」を完成させ、「徽軫灯篭」ほか灯篭を設置し、庭石を置き、教授が気に入らなかった所を直しました。また、今後に向け、「茶庭」やこれから造る「茶室」について、教授と意思疎通をし、その他、庭のさまざまな場所に植える木や花などについても相談し、指示を仰ぎました。

次に述べるように、この年は給料の遅配がもっともひどく、厳しい年でしたが、教授と今後の庭園造りを語り合い、完成を頭に描くその時間は、心を豊かにし、「やってやるぞ」という気概を新たにするものでした。

そして、教授の一言一句が、造園家を目指す私にとって、素晴らしい勉強であり、収穫になりました。

予算が足りず、給与が遅配になる

1966年には、人種差別と反対運動に加えて、もう一つ “思わぬ問題” が発生しました。それは、予算の欠乏による「給与の遅配」です。

当時、公園を造る予算は、「オレゴン日本庭園協会」の基金と、地元の寄付で賄っていました。そこで、戸野教授は、ポートランドに来るたびに、地元のテレビやラジオ、新聞に出て、理解と協力を仰ぎましたが、上記のような反対運動もあり、なかなか寄付が予定額に達しませんでした。

そんな中、工事が進むに連れ、資金がどんどん使われ、足りなくなってしまったのです。

足りない分は、後援のポートランド市に補てんしてもらっていたようですが、私が週給でもらっていた給与はたびたび遅配になりました。給与は1カ月600〜800ドル（当時の日本円換算で21万6000〜28万8000円）でしたから、日本の大卒初任給が3万円位だったのに比べ、とても良かったのです。しかし、アメリカは物価も高かったのであまり余裕はありませんでした。

給与の遅配は、ポートランドに来た翌年1966年が一番厳しく、同年夏には給与の支給が大幅に遅れ、手元の生活費が厳しくなりました。この時は、すでにトレーラーに住んでいましたから宿代の心配はなかったのですが、食費はかかります。そこで、スーパーで犬のマークの安い缶詰を買って、それを炒めてパンに挟んで食べていました。安いコンビーフだと思っていたのです。ちょうどアメリカに来ていた戸野教授にもランチにそれを出して、一緒に食べました。

しかし、私が犬印の空き缶を大量に捨てていると、作業員が言うのです。
「ヒラさん、犬を飼っているのか？ドッグフードをそんなに使うのか？」

私は、驚きました。その安い缶詰はドッグフードだったのです！それを教授にごちそうしていたのです！

まぁ、私の味付けは良かったようで、教授も喜んで食べてくださったのですが……。

その夏は、教授が帰るまで給与の支給が滞り、支給された給与で帰りの航空券を買おうと思っていた戸野教授は、飛行機の切符が買えず、私は自分の貯金を下ろして、教授にお貸ししたものです。

反対派のヒッピーに襲われる

教授が帰った後、1966 年の秋に、私は犬を飼いました。トレーラーハウスに住む生活には慣れていましたが、私がトレーラーに住んでもなお、夜中に何者かが公園に侵入し、石灯籠を倒したり嫌がらせをする事件が後を絶ちません。このため「ゆくゆくは番犬になってほしい」という思いで、生後３～４カ月くらいのシェパードの子犬を 300 ドルで買ったのです。そして名前を「ハナ」と付け、一緒に暮らしはじめました。

しかし、ハナを飼いはじめて間もなく、事件が起こりました。

その夜、庭園内でガンガンと音がするので行ってみると、「月の橋」にヒッピー風の若者が５～６人いて、橋の柱の上にある「冠」をガンガン石でたたいて取ろうとしていました。そこで、私は「警察を呼ぶぞ」と言うと「構わないぜ、呼べよ」という返事。頭に来たので、石を何個か投げつけてやると彼らに当たりました。愛犬ハナも激しく吠え立て、私が再度「今すぐ警察を呼ぶぞ！」と怒鳴ると、逃げて行きました。

私は、ホッとし、その夜は柔道の稽古日だったので、車で出かけました。

そして夜の 10 時過ぎに戻り、ビールを飲みながら友達と電話をしていると、トレーラーハウスの扉をコンコンと何者かがノックします。

〈こんな時間に誰だ？〉

と思いましたが、話し中の友人に「ちょっと待って……」と言って受話器をベッドに置き、ドアを開けました。

途端に、先の５～６人の男たちが乱入。ハナはまだ小さかったので一瞬で足蹴にされ逃げ、私はトレーラーから引きずり出されました。

私は怒りが込み上げ、ボスと思われる一人に飛びつき柔道で投げ、絞め技をかけました。ほかの４～５人は、私を引きはがそうと、殴る蹴るで袋たたきにしますが、こちらも必死です。

「こいつを殺すぞ！」

と凄んで力を入れると、喉が閉まり、ガクッとそいつの頭が垂れました。

私は、慌てて周りの奴らに「離れろ！」と言い、ガクンと倒れたそいつを起して活（かつ）を入れました。

すると、泡を吹いて息を吹き返しましたが、なんと、その瞬間、助けられたその当人が私に殴りかかり、仲間も一斉に襲ってきたのです。
私は当時、柔道３段で腕には自信がありました。しかし、３～４人ならともかく、それ以上になると、さすがに歯が立ちません。合気道も２段、剣道も３段でしたが、大勢で腕を押さえられて殴る蹴るをされたら、手も足も出ません。
そこで、気合いで奴らを押しのけると、山の中へ崖を登って逃げました。後ろから追いすがる奴らを蹴りながら登って行きました。しかし、突然、ビキッと音がし、見れば私の右の尻にナイフが刺さっているではありませんか！熱い焼け火箸で刺されたような衝撃が喉まで上がります。
それでも、私は逃げましたが、真っ直ぐに走れません。
そこへ、もう一人が、刃渡り８㎝くらいのナイフで左腿を横切りにしてきました。私は2か所も負傷してさすがに怖くなりました。もう逃げきれないと思い、「待て！待ってくれ！」と英語で言いました。
しかし、全員に囲まれ、二人がナイフをこちらへ向けています。
私は「助けてくれ」と泣いて命乞いをしましたが、ナイフを持った二人はギラギラした非情な目でどんどんこちらへ近づいて来ます。
〈もはや、これまでか……〉私は観念しました。
しかし、その時、ウーーーーーとパトカーのサイレンが鳴り響きました。そして、「ミスター　ヒラ！」と拡声器の声が私を呼ぶではありませんか！
「ウォーーーッ」と私は声を上げて気が狂ったように両手を振りました。
パトカーは武家門の辺りに止まり、照明に警察官が浮かびます。
それを見て、奴らは一目散に逃げました。
警察は、手を振る私の所へ来て、尻にナイフが刺さっているのを見ると抜こうとします。しかし、抜くことができず、そのままパトカーの後部座席に横になったまま、近くの汐見医院へ担ぎ込まれました。
そこで、私は気を失いました。
次に気がついた時、私はベッドの上で、熱を出して頭を冷やしてもらっていました。
後で聞いたところによると、私が電話中に襲われたのが不幸中の幸いでした。電話の相手をしていた友人が異変に気づき、すぐに警察に通報してくれたのです。警察が来るまで 10 分ほどだったでしょうか。もし、友人が通報してくれなかったら、私は生きていたかどうか分かりません。

病院のベッドの中で、私は「もう、庭園内のトレーラーハウスに泊まるのはやめたほうがよい」と何人にも言われました。「こんなことしていたら、そのうち殺される」とも言われました。

実際、今回のことに恐怖を感じたのは事実です。しかし、その恐怖が怒りに変わり、怒りは闘志に変わりました。

「ちくしょう！今に見とけよ。腰を抜かすような素晴らしい庭を造ってみせるぞ」と闘志でいっぱいになりました。人間は恐怖と怒りが一定の線を超えると、凄まじいエネルギーに変わるものだと思いました。

そして、退院後、私は決心しました。軽い負傷で済んだ愛犬ハナと日本庭園に住み込んで完成まで守り抜いてみせる！

〈そして、アメリカ人をアッと言わせる美しい日本庭園を造ってやる！〉

そう決心しました。

この事件は、私がより一層、日本庭園にのめり込む、ターニング・ポイントになりました。それまでも、差別や困難に遭っても日本に帰りたいと思ったことはありませんでしたが、なお一層、闘志がわいたのです。

無料の臨時開園を経て、1人25セントで土日に開園

こうして、1966年の9月には、「平庭」の造園が完成し、「池泉回遊式庭園」の大小の滝組み、池や川のコンクリート打ち、池の縁石(えんせき)組み、川に渡した「月の橋」も出来、「石庭」も完成しました。

あちこちにはすでにいろいろな木が植わり、アメリカは土壌・気候が良く、植物の成長も速いため、剪定(せんてい)の必要が生じていました。それで、日本式の剪定方法や、松の木の盆栽作り（針金かけ）などを作業員たちに教え、常時、植木の形を崩さないように努めました。

このころには、試みに“無料”の臨時開園も随時行いました。すでに「平庭」「池泉回遊式庭園」「石庭」と三つの庭が、ある程度形になり、木もたくさんそろいましたので、地元の方の理解を進めるために、土曜と日曜日に臨時の開園日を設け、無料で招待しました。

そして、好評を受け、1966年の10月には、財源確保のために1人25セントをいただき土日に一般公開しました。

まだ未完成の部分があり、そうした所には柵をして公開したのですが、アメリカ人の目に、初めて見る日本庭園は新鮮なものに映ったのでしょう。新聞やテレビで報道され、わずかずつでしたが、次第に来訪者が増えていきました。紅葉時期には、1日1000人を超えるお客様がいらしたこともあります。

私は、この時に会った一人の老婦人のことを50年以上経った今も忘れることができません。その老婦人は、家族に伴われてゆっくりと庭園を周り終えると、私の所へ来て言いました。

「Thank you. The war is finally over. Thank you.（ありがとう。戦争は最終的に終わりました。ありがとう）」

老婦人は、目にいっぱい涙をためていました。

多くは語りませんでしたが、私には分かりました。彼女は日本との戦争で大切な家族を亡くし、その悲しい思い出や、日本への恨みの中に生きてきたのでしょう。しかし、この日本庭園を見て、美しさが彼女の心に沁み、その日、彼女の心の中の戦争が完全に終わったと言いたかったのでしょう。

私は、胸をいっぱいにして、老婦人の後ろ姿を見送りました。

植栽の配置は「黄金分割（Golden section line)」で

ここで、日本庭園の植栽の基本になる「黄金分割」について紹介します。「黄金分割」とは、同じ種類の植物群を、

①天（てん）：一番上の大きい群（集団）

②地（ち）：天の右か左下の中位の群

③人（じん）：地とは反対の下の一番小さい群

――に分割して配置する方法です。

天・地・人の群（集団）は、大・中・小の群を右図のように、不等辺三角形で配置し、「人」は「地」よりも下げて配置するのが一般的です。

「黄金分割」の植栽は、松でも、つつじでも同じ種類の植物をこうして配置することにより、「天」に一番目が行き、また、「地」と「人」にも同じ植物があることで、広がりや安定感を出せることが特長です。絵を描く時の「三角構図」にも似ている考え方かもしれません。

必ずしも植物ばかりでなく、石を置く時に用いることもあります。

なお、植物を「黄金分割」で配置した場合、植えたその時だけでなく、10年後20年後も同じ「天・地・人」の比率になるように、毎年の剪定を行い、また、肥料をやるときも「天」には多めに、「地」には中くらいに、「人」には少なめに……といった管理が必要になります。

黄金分割(Golden section Line)

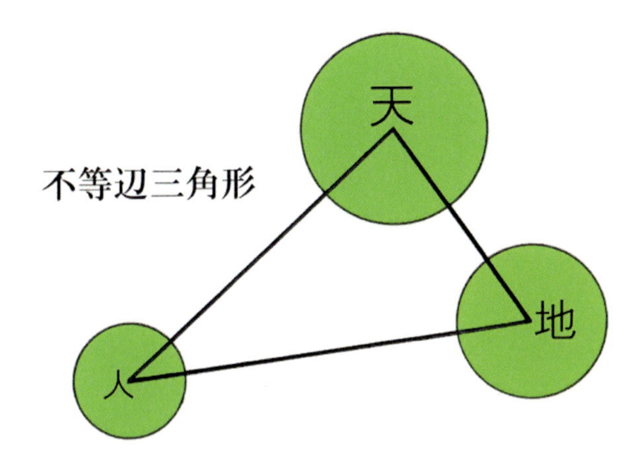

日本庭園は、整った秩序を嫌い、さりげない不調和の中に自然の美を表現する。

園内の植物は、どのように入手したか

園内の植物の入手方法についても少し書いておきましょう。なぜなら、国外から植物を持ち込むと、土の中の細菌や木の病気がうつるため、アメリカでは基本的に生きている植物を輸入できないからです。

よく、盆栽などを輸入するケースがありますが、その場合は、輸出段階で木に付いている土をすべて落とし、根が枯れないよう“水苔”で包んで新聞紙で包み、プラスチックのケースに入れます。そして、輸入国では水苔をはがし、硫黄で殺菌消毒します。しかし、この方法は植物にとって過酷であり、高い盆栽でも約４割は死んでしまうのです。

では、ポートランド日本庭園にある、松やツツジ、シャクナゲ、桜、モミジなどの植物は、どうやって手に入れたのでしょうか？

答えは「オレゴンに自生していたものを入手した」です。

松やツツジ、シャクナゲ、桜、モミジなどがオレゴンに自生していると言うと驚くかもしれませんが、日本の黒潮は太平洋を渡り、オレゴン州まで到達しているのです。東日本大震災の時、東北から流された神社の鳥居がオレゴン州へ漂着したのを覚えている方がいると思います。あんなふうに、海流に乗って、日本の植物の種が漂着し、オレゴン州には、様々な日本植物が自生しているのです。そして、「○○○○ジャポニカ（Japonica)」とラテン語で命名されていました。

そうした日本産の植物を、ポートランド市が生産者から買い付け、市の公園課の土地で、箱に入れて大量に栽培していました。その中から予算の許す範囲でポートランド日本庭園へ分けていただいたのです。

また、そこにない種類の木は、カリフォルニア州の植木屋で購入しました。カリフォルニア州は、日系移民の入植から100年以上経っており、彼ら日系人の庭から種や挿し木で分けてもらった日本の植物を持っている業者がたくさんあったのです。

茶室を作る

2年目の1966年晩秋には、日本から「茶室」の材料が40〜50のコンテナに入って届きました。この茶室は、ソニーの故・盛田(もりた)昭夫氏のご厚意で鹿島建設の協力を得て寄贈されたものです。

鹿島建設の工場で建物の材料が作られ、それをこちらで組み立てるのですが、なぜか説明書は英語で書かれています。アメリカ人が組み立てると思ったのでしょう。私は、英和辞書を引きながら解読しました。

さすがにアメリカ人の大工と一緒に組み立てるのは難しいと思ったので、英語と日本語の両方ができる日系二世の宮家(みやけ)さんという大工さんを紹介いただいて、作業員を入れず二人だけで造り上げました。

説明書には、2週間もあればできると書いてありましたが、実際は1カ月以上かかりました。私も、茶室の組み立ては、東京農大時代に鹿島建設で教わり、宮大工の人を手伝ったこともあるのですが、手伝うのと、自分が主体となって組み上げるのでは大違いです。

鉄の釘は1本も使わない工法で、鉄の釘の代わりに、木の釘を組み込んで固定します。この方が、鉄の釘で固定するより、地震などに対して強いのです。慣れない工法に手こずりましたが、お陰様で無事に組み上がり、今日まで50年間、無事にその姿を保っています。

ただし、茶室ができたころには、いろいろ困った思い出もあります。

まず、建設中には、エレクソン課長から、

「にじり口（入口）をアメリカ人の体格に合わせて大きくしよう」

と言われました。また、出来上がった後も、

「地味なので、茶室の土壁を白かピンク色にしたら？」とか、

「茶庭には、チューリップやバラを植えたらきれいだ」と言われました。

挙げ句の果てには、私が「侘(わ)び、寂(さ)び」を表現しようと一所懸命に、「つくばい（手＝心を洗う水鉢。石でできている）」に苔の種を落とし、むしろをかけて生やした苔を、作業員に命じてワイヤーブラシで落とそうとしていました。

「水苔は、汚いのでは？」

と言うのです。あの日本庭園をこよなく愛するエレクソンですら、そんな

ありさまですから、日米の文化や美意識の違いをしみじみ感じました。

こうしたことは、茶室に限らずよくあることだったのですが、そんな意見を入れたら、もはや日本庭園ではなくなってしまいます。そこで、茶室の意味や侘び・寂びについて説明し、「オールド・フィーリングやディープ・フィーリングを出すためにあえてこうするんだ」と言い、納得してもらいました。

また、この小さな建物（アメリカの平均的家屋の８分の１の面積）が、当時のお金で３万 6000 ドル（当時のアメリカで３軒分の住宅価格）もするというので、寄贈であったにもかかわらず新聞で「無駄遣い」とたたかれました。現在では、「これは建物ではなく芸術だ」と評価いただき、愛されていますが、50 年前、質素な「茶室」を初めて見たアメリカ人には、その価値が理解できなかったのです。

このため、茶室は、地元の反対運動の格好の標的になり、この後、茶室の壁に「Jap　Go　Home！」と真っ赤なペンキで書かれました。

涙を流しながらペンキを落としたのも遠い思い出で、今日、“芸術”として茶室を見てくださるアメリカの方々を見ると、感慨深いものがあります。

「茶室」を建設中の宮内氏と筆者（写真提供④）

「茶室」は雨を避ける“覆い屋根”の下で作った（写真提供④）

完成当時の「茶室」

完成当時の「茶室」を遠望する（写真提供④）

完成当時の「茶室」と「茶庭」の外門

「茶室」の前に立つ若き日の著者

「茶室」のお披露目会（写真提供④）

最近の「茶庭」の外門周辺（写真提供①）

茶室から見た内露地（写真提供②）

同じく内露地を望む（写真提供②）

トレーラーハウスごと雪に埋もれる

年が明けた 1967 年１月、ポートランドは大変な大雪に見舞われました。海抜 250mの小高い丘の上にある日本庭園は、一夜にして２m余りの積雪に覆われ、直径が 30～40 ㎝のモミの大木（ダグラスファ）が積雪の重みで何十本も倒れるありさまでした。

日本庭園内の武家門前広場にトレーラーハウスを置いて住んでいた私は、トレーラーハウスごとすっぽり雪に埋もれてしまい、身動きできません。電話をかけようにも、電話線が切れてしまったらしく、どこにも助けを求められません。愛犬のハナと一緒に、完全に孤立状態でした。

〈いつ、モミの大木が倒れて来てハウスを押しつぶすかもしれない〉

と生きた心地もせず、夜を迎えました。電線も切れていたため電気が点かず、暖をとることさえできません。ハナと暖めあって眠りました。

しかし、私がここで暮らしていることは、庭園協会の人が知っていたため、翌朝になると、ヘリコプターが来てくれました。上空にホバリングすると、

「ミスターヒラ、アー・ユー・オーライ？（大丈夫か？）」

と声をかけ、ハンバーガーや熱いコーヒーをポットに入れ、ロープで降ろしてくれました。そうやって道が開通するまで１週間余りを過ごしました。

50 セントで正式開園

先述のように、庭園は、最初は「無料」で招待。次いで 1966 年の秋からは土日に開園日を設けて「１人 25 セント」で土曜と日曜日に開園しました。

そして、1967 年４月からは週６日開園することとし、入場券を売る施設として、現在もある「武家門（サムライ・ゲート）」を製作しました。これは、アメリカの大工さんに作ってもらいましたが、日本の武家屋敷の写真をたくさん見せ、私も注意深く観察し完成させました。

こうして、４月から、１人 50 セントの入場料で正式に開園しました。

また、茶室の完成を祝って「茶室開き」を開催することにしました。日本から野村流の家元を呼び、ポートランド市や各地から 300 人余りの名士を呼んで、盛大に開催しました。マスコミでも本庭園が取り上げられ、正式開園当初は多数の方に来園いただきました。

人夫頭のヒュー（中央）、その甥（左）、筆者。「武家門」の前で

開園当時の入場料（写真提供③）

「ジャパンナイト」開催

日本庭園の開園以来、入場者は少しずつ増えていきましたが、まだまだ無名の公園であり、特別な催しがある日以外は人影もまばらでした。

そこで、オレゴン日本庭園協会も宣伝に力を入れようと、地元の日本人協会と相談し、「ジャパンナイト」という催しが開かれました。

これは、庭園近くの広場を借り切り、日本庭園の宣伝と共に、日本舞踊、茶道、生け花、琴、三味線、和太鼓など日本文化を現地のアメリカ人に披露するお祭りです。土曜・日曜の２日間開催し、約 3000 人が集まりました。

催しの中には、柔道など日本の武道を披露するコーナーもあり、私は、日本庭園代表として、柔道、合気道、剣道の模擬試合を披露して、日本武道を紹介すると共に、日本庭園を宣伝して寄付をお願いしました。

これを契機に、初めて日本の文化や武道に関心を持った人も多く、わずか２日の催しでしたが、一定の成果を収めることができました。

私自身も、この時会った先生に以後５～６年、生け花と茶道を習い、日本庭園を造るための精神的修養に役立ったと思っています。

「ジャパンナイト」に集合した面々

柔道を披露した

「兼高かおる世界の旅」の取材

1967年の夏には、日本のテレビ局ＴＢＳから、「兼高かおる世界の旅」の取材が来ました。この番組のことは知っていましたが、まさか自分の所に来るとは思わなかったので、驚きました。

取材は、兼高かおるさん本人と、カメラマン、アシスタントの三人で来ました。30分の番組でしたが、茶室から大滝、五重塔、平庭、石庭など４～５時間かけて撮影し、たくさんの質問をいただきました。

そして夜、取材を終えた三人と私で夕食を共にし、ナイトクラブへ行きました。そこでは、兼高さんに「ダンスをしましょう」と誘われました。兼高さんは、ご存じの方もいると思いますが、お父様がインド系のエキゾティックな美人です。私より９歳年上で、ダンスも上手でした。その後、ポートランドの街をドライブしたのも懐かしい思い出です。

なお、番組は、1967年11月19日に「麗しのオレゴン」として放送され、番組を観て日本から何百通もの励ましのお手紙をいただきました。

この番組は、今もなお、ＴＢＳオンデマンドで観ることができます。

シュランク市長と話す兼高かおるさん（写真提供③）

兼高かおるさんと筆者（写真提供③）

五重の塔の前で（写真提供③）

開園の反響

開園直後は、新聞やテレビで報道され、また各種の催しが開かれたこともあり、一定の入場者がありましたが、その後は、期待したほど来場者がない時期もありました。しかし、評判は口コミで広がり、１年後、２年後……と、来場者は徐々に増えていきました。

庭園では、お茶会、生け花や日本舞踊、柔道や空手の会が定期的に催され、日本の文化を伝えるこれらの会は好評で、来場者を増やしました。

そして、日本庭園や日本文化に興味を持つ方が、ポートランド市やオレゴン州からだけでなく、全米、さらにはヨーロッパからも来てくださるようになりました。

アメリカ人の来場者には、10mの巨大な滝が特に好評でした。アメリカには、大自然の中にあるような滝を人工的に再現するという発想がなく、ダイナミックにしぶきを飛ばしながら流れ落ちる姿に驚きました。

また、一方で、静かな石庭や茶室も、アメリカのお客さまには“異文化”の象徴であり、興味をもっていただきました。

「平庭の白砂は“大海”を意味し、瓢箪と杯は、酒を飲み、心静かに酔う平和を表現しています」

「茶室は、簡素な庭で抹茶を立て、一期一会（はかない人の世にあって、その機会は一生に一度のものと心得て、主人と客人が互いに誠意を尽くす）の精神で、お茶を楽しむのです」

そう説明すると、アメリカ人の来場者たちは感激します。すべて、彼らにとって新しい美意識だからです。

私は、来場者たちに言いました。

「日本庭園は、目で見るだけでなく、心で感じてください。目を閉じ、自然と一体化してください。そして、あなたの中に眠っている“詩心”を引き出してください。心の中に平和を取り戻してください」

この日本庭園は、自然に対する敬意、日本人の平和を愛する心など、日本人の心、哲学や道徳観をも表現していると伝えました。

こうして、日本庭園の評判が広がるに従い、それまであった批判や反対運動は、徐々に沈静化していきました。

日本からのさまざまなお客様

開園後は、地元の新聞だけでなく、日本のテレビ局などマスコミで取り上げられたこともあり、日本からたくさんの手紙をいただきました。また、さまざまなお客様がお見えになりました。

そんな中から、思い出に残るお客様について触れたいと思います。

水原秋櫻子(みずはらしゅうおうし)氏の来訪と句碑の設置

一番最初の訪問者は、まだ開園前の 1966 年夏に来てくださった俳人の水原秋櫻子さんです。当時、この庭園は、日本のマスコミでもほとんど取り上げられていなかったので、どうして知ったのか分かりません。

ある日、白い背広を来た小柄な老紳士が筆と短冊を携えて園内を散策していたのを庭師の一人が見つけ、声をかけたところ、

「昭和大学医学部教授　水原豊」という名刺をくれたそうです。

ちょうど戸野教授が庭園に来ていたため、報告すると、

「その方は、水原秋櫻子という有名な俳人だ」

と驚き、早速、秋櫻子先生を招待して会食をしました。

そのとき、戸野教授が秋櫻子先生に「ポートランド日本庭園のために句を読んでいただけないか」と依頼したところ、秋櫻子先生は、三つの句を詠(よ)んでくださいました。

その中から戸野教授が選んだのが、今日、石碑に刻まれている

「ここに来て　日本の春日(はるひ)　照る如し」です。

そして、秋櫻子先生は「改めて、清書したものを贈ります」とのことでしたので、期待して待っていたところ、驚いたことに、数カ月後、この句が刻まれた石碑が船で運ばれて来たのです。

早速、日本に帰った教授に報告したところ、教授はとても喜びました。そして、秋櫻子先生に連絡をとり、最初は、メインゲートである「武家門」を入った所に、良く見えるように建てたいとお願いしたようですが、秋櫻子先生から「目立たない所に設置してほしい」という申し出があり、急遽、現在建立されている場所に変更して設置したのでした。

やさしかった正田冨美氏（平成皇后陛下のお母様）

日本庭園が正式開園後しばらくして、ポートランドの日本領事館から電話があり、「美智子妃殿下の御母堂、正田冨美様が、日本庭園を見学されたいとのことなので、案内をお願いする」とのことでした。

そして、約束当日午後２時半ごろに総領事の車が、警備の車を伴って来園。降り立ったのは、和服姿のスラリとした上品な女性で、待っていた私に一礼されました。私も反礼し、早速、園内をご案内しました。

まず、茶室、茶庭そして、上の池から川を下り大滝に向かい、藤棚をくぐって平庭や石庭をご覧に入れました。

正田様は、水原秋櫻子の句碑「ここに来て　日本の春日　照る如し」を口ずさみ、「本当に、ここにぴったりの句ですね」と微笑まれました。

気さくな方で、花や植物の名前を聞かれたり、石庭の由来に興味を持たれたりしました。それに対して説明しながらゆっくりご案内しましたので、２時間余りかけて周りました。すると、

「平さん、お食事を一緒になさいませんか」とおっしゃるのです。

私は、ご厚意に甘えることとし、大きなホテルの一室で、夕食をご一緒させていただきました。

その間、やさしく応対いただき、ユーモアに満ちた愉快なお話しを聞かせてくださり、心から感謝しました。また、

「この庭は、日本人の美しい心で造られたのですね」

「あなた方の美しい心が、この庭を造ったのね。頑張って」

と励ましをいただきました。

当時は、庭園にはまだ完成していない部分があったため、「庭園のその後の経過を教えてください」ともおっしゃいました。そこで、以後、３カ月に１度くらい、庭園の写真を撮り、手紙でお送りしました。これに対して、ご返事をくださり、こうした手紙のやり取りは、私がポートランド日本庭園を退職する1969年まで２年ほど続きました。

本当に素晴らしい方と文通させていただいたことを、今も名誉に思っています。お体の調子が悪いという便りが最後になってしまいましたが、現在のように美しく成長した日本庭園を見せて差し上げたかったです。

牛場信彦氏の来園

後に外務省トップの外務事務次官を務める牛場信彦氏も、1967 年秋にお見えになりました。

領事館からの依頼で、２時間ほどかけてご案内しました。もともと日本庭園がお好きとのことで、「どのようないきさつでポートランドに日本庭園を造ったのか」、あるいは「平庭や石庭などに込められた意味」など、熱心に質問していらっしゃいました。

そして、外交の苦労話などをされ、

「この庭が完成したらアメリカとの外交交渉がやりやすくなる。ありがとう」

とおっしゃってくださいました。

閉園までいらっしゃった後、夜はヒルトンホテルでご馳走になりました。その後は、ナイトクラブへ行き、アメリカの長所・短所、日本の長所・短所を熱っぽく話してくださいました。

「日本の芸術や文化を、この庭でアメリカに残してほしい」

とも言われ、私は大きく勇気づけられたものです。

このほか、日本から俳優の三船敏郎氏、香川京子氏、政治家の大平正芳氏など、各界の方が訪問してくださいました。

正式開園以降の庭造り

すでに述べたように、私が着任した 1965 年５月から、正式開園した 1967 年４月までの２年間で、「平庭」「池泉回遊式庭園」の滝や川、池、橋、「石庭（禅庭）」「茶室」など、大きな造成を要する所はすでに出来上がっていました。

あとは、庭の植栽を進め、苔を育てる大仕事がありましたし、「茶庭」を整備したり、毎年の花や木々の手入れができるよう、アメリカ人職人を育成することも大きな仕事でした。

しかし、ブルドーザーやクレーンを使った造園土木作業から、「庭師」が行うような作業へシフトして来たと言えます。

私は、お客様のご案内と共に、これらの仕事に邁進しました。

庭園内に点在する見どころ紹介……巻頭１ページの地図もご覧ください

ここで、ポートランド日本庭園内の“見どころ”をご紹介します。知らないと見逃してしまうものも、この庭園にはたくさんあるからです（なお、ここで紹介するのは、戸野教授が設計し私が施工した「平庭」「池泉回遊式庭園」「茶庭」「石庭（禅庭）」にあるものです）。

①石橋

パビリオンから見た「平庭」の正面左、白砂を敷き詰めた奥にあるのが「石橋」です。天然の一枚岩を使った橋で、長さは３m、幅は1.5mありますが、あくまで“飾り”であり、実際に渡るためのものではありません。しかし、戸野教授のデザインにはすべて意味があり、この橋も「平庭」を語るうえで大切なものです。

戸野教授は、この石橋を設置する時、私に言いました。

「『平庭』の白砂のフィールドは“大海”なんだ。平庭から見て左のずっと奥にある『大滝』から“人生”という川が始まり、この『石橋』の下まで流れて来るんだ。そう想像したまえ。そして、この『石橋』をくぐって、人生の川は、一気に白砂の“大海”に流れ込む。その結節点に『石橋』を置くんだ。

人生の川は、ここから大海に入り、そこには、出会いや喜びもあれば、別れや苦しみもある。しかし、最後には、白砂に描かれた瓢箪と杯で酒を飲み、安らぎの中で満足して人生を終わるのだ。白砂の大海には、そういう人生の意味を込めたのだ」

戸野教授は、石橋を設置するに当たり、そんなふうにイメージを語ってくださいました。

写真中央に遠く見えるのが「石橋」

石橋を前にした筆者（1976 年ごろ）

②濡鷺（ぬれさぎ）型灯篭

「平庭」のパビリオン正面にある濡鷺型灯篭は、京都から送られたものです。笠が大きく、重厚な形になっていることが特徴で、楕円を半分に切ったような形の傘が、霧雨の中に立つ鷺の姿を連想させることから、この名が付いたと言われています。

正確な記録は残っていないのですが、戸野教授は「戦国時代の焼け跡が残る由緒あるものだ」とおっしゃっていました。

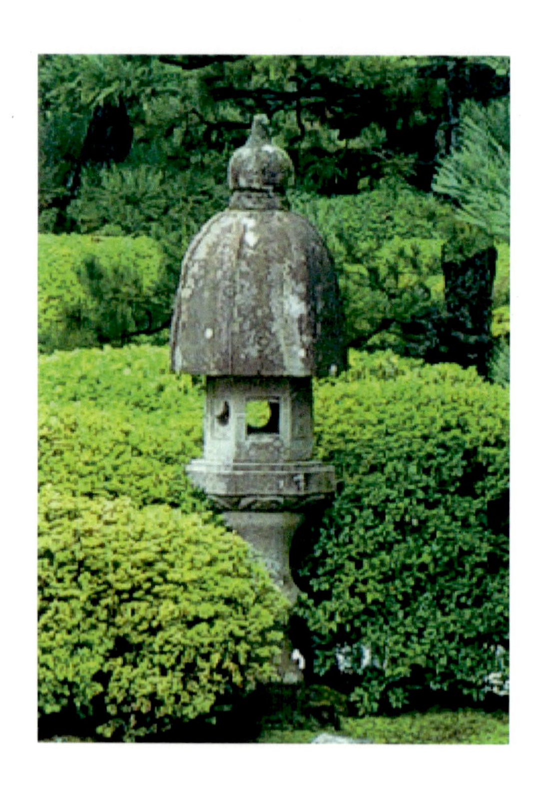

写真中央に遠く見えるのが「濡鷺型灯篭」(写真提供②)

「平庭」のアクセントになっている（写真提供②）

③舞孔雀（まいくじゃく）モミジ

パビリオンから見て「平庭」の右に植わっている大きなモミジが「舞孔雀モミジ」です。カエデ科ハウチワカエデの深裂品種で、普通のモミジより、葉が中心近くまで深く裂け、孔雀が羽を広げたような大きな葉形になっていることが特徴です。秋には、真っ赤に紅葉します。

この木は、「平庭」を造り始めた最初の日に植えました。植えてから50年以上経った今はとても大きくなりましたが、植えた当時でも高さ２m、幹の太さが５cmと、モミジにしては大きなものでした。

ラテン名を「Acer Palmatum Dissectum Japonica」と言い、「ジャポニカ（Japonica）」と名前の付く木を植えるたびに、遠き昔、日本から海流に乗って流れ着いたんだなぁ……と愛情を感じたものでした。

園内には、小さいものから大きなものまでたくさんの舞孔雀モミジがある（写真提供①）

「平庭」にある一番大きな舞孔雀モミジ（写真提供②）

「水原秋櫻子の句碑」のそばの舞孔雀モミジ（写真提供⑤）

④平庭のシダレ桜

パビリオンから見て「平庭」の左にあるのが「シダレ桜」で、他の桜とは異なり、枝や花が下向きに広がっていることが特徴です。

空に向かって伸びて咲くソメイヨシノと違って、枝が美しい曲線を描いて地面に向かって垂れ下がる「シダレ桜」は、近くで見ると、たくさんの花が頭の上に降り注ぐようです。風が吹くとゆらゆらと揺れるのも何か物憂げで優美でもあり、ライトアップされることで、より一層魅力的になります。

しかし、このシダレ桜は、日本にある本来のシダレ桜ではありません。

植物は日本から輸入することができないため、このシダレ桜は、戸野教授がポートランド市役所の植木溜め（ナーセリー）でオレゴン産のものを見つけました。

しかし、日本のシダレ桜ほど枝がしだれないため、上向きの枝をひもで重しを付けて降ろしたり、ワイヤーで曲げたり、毎年、上向きの枝を剪定し下向きに接ぎ木して地面に向かって下がるようにして、何年もかけて“シダレ桜”に見えるように作りました。

そして、「一番良く見える場所」として「平庭」の一角に植えました。

植えた時は、1m20㎝くらいで、シダレ桜に見えませんでしたが、50年経って、今ではこんなに大きく美しい木になりました。

シダレ桜―植えて 20 年程

同じシダレ桜―植えて 40 年程

⑤伊予の青石

香川県から寄贈された「伊予の青石」は、戸野教授の指示で、パビリオンから見て「平庭」の左、シダレ桜の近くに立てました。

四国の愛媛県伊予市の五色浜で産出する庭石で、鮮やかな青緑色と、変化に富んだシワのような地図模様が特徴です。庭園に使われる石としては、日本一とも言われています。

西日本の紀伊半島から四国を横切る「中央構造線」に沿った「三波川変成帯」に分布し、海底に堆積した土砂がプレートの沈み込みにより地下 20～30km の深さに潜り込み、温度 200～300 度、圧力 600～700 気圧の下で変成作用を受けて形成されたとされています。

本庭園に寄贈されたものは、高さは２m、幅 1.5m、重さは約２トンもあり、当時の価格で 1000 万円の価値があると言われました。本庭園の最も高価な庭石であることは間違いありません。

「子供が触って倒れてはいけない」と教授から指示を受け、下は 30 cmほど土に埋め、コンクリートで固め、頑丈に立て上げました。

⑥水原秋櫻子氏の句碑

「平庭」のパビリオンから見て南南西にあります。俳人として有名な水原秋櫻子先生が、1966年、まだ建設中のこの庭園に来て読んだ句
「ここに来て　日本の春日　照る如し」
——を石に刻んだものです。

遠い異国のこの地まで来て、思いもかけずそこに“日本”を感じた秋櫻子先生が、感動を読んでくださったものです。

「そんなに著名な人の句碑なら、もっと目立つ所に置けばいいのに……」

と来園者に言われることもあります。しかし、私は説明します。

「これは、目立たない所に置いてくださいと言う秋櫻子先生のご希望なのです。日本人にとっては、謙虚な心が美徳なのです」

そう説明し、“侘び寂びの心”や“秘すれば花”など、アメリカにはない美意識についても話します。

秋櫻子先生が主宰する月刊俳句誌「馬酔木（あしび）」の名にちなんで、句碑の周りに馬酔木を植え、句碑が見え隠れするようにしています。

（句碑の設置については、本文91ページをご覧ください）

設置して 10 年くらいのころ

近年は、馬酔木の木が大きく茂っている（写真提供②）

⑦五重の塔

「平庭」から「池泉回遊式庭園」へ向かう西の道に藤棚があり、その下を通った突き当りにあるのが、「五重の塔」です。

この五重の塔は、北海道の札幌市から寄贈されたものです。札幌とポートランド市は、ちょうど同じ緯度にあり、1959 年 11 月、「姉妹都市」の提携を結びました。そして、ポートランド日本庭園建造に当たり、札幌市が、その固い親愛と友情を込めて、この五重の塔を贈ったものです。

仏塔の形式の一つである五つの屋根を持つ石灯篭であり、下から、①地、②水、③火、④風、⑤空――という人間が求めるものを表しています。

札幌から送られた時は、他の石灯篭と同様にバラバラに運ばれて来ましたが、一つずつ組み上げ、特殊な糊で固定して完成させました。

開園後、子供が塔に登り、親が写真を撮っていたのを見て、決して崩れることがないよう塔を組み直し、強力な糊で頑丈に固定してあります。

塔の前には北海道の形の石畳が敷かれ、札幌に当たる部分に赤色の石が埋め込まれています。

藤棚から五重の塔を望む（写真提供④）

⑧大滝

「池泉回遊式庭園」の南端にあるのが「大滝」で、高さは10mあります。自然を模して滝を造る発想はアメリカになく、轟音（ごうおん）を立てながら水流が落ちる大滝は、アメリカの人々に人気のスポットです。

（滝の造成については、本文57ページをご覧ください）。

⑨鶴石・亀石と雪見灯篭

大滝が落ちる「下（しも）の池」には、鶴と亀に似た石を置きました。日本には「鶴は千年、亀は万年（生きる）」ということわざがあり、鶴と亀は“長寿”の象徴で縁起が良いとされています。

そして、亀石の上に「雪見灯篭」を据えました。笠が大きく、丈が低く、短い4本足を持つのが「雪見灯篭」で、水際に設置して、水面（みなも）を照らすものです。笠の形が、傘を広げた上に雪が積もったように見えるので、この名が付いたと言われます。

笠を広げた感じが風流で、本庭園の写真によく使われています。

左が「大滝」、中央「鶴石」、その右に雪見灯篭が乗る「亀石」

「鶴石」（左）と雪見灯篭が乗る「亀石」

⑩北斗七星の石組み

大滝は、真っ直ぐに「北」を向いて、正面に「北極星」が見えます。そこで、戸野教授は、天の「北極星」と同様に、相対する位置に「北斗七星」を置こうと、「下(しも)の池」の対岸、大滝から約 30mの場所に七つの石を置きました。

今は安全上の理由で歩道の中に埋め込まれていますが、天の「北斗七星」と同様に、“ひしゃく”の形に七つの石が並んでいます。

⑪菖蒲(しょうぶ)園とハツ橋

大滝が落ちる「下(しも)の池」から続く川には「ハツ橋」がかかっています。初夏になると、美しい花菖蒲が咲き、八つ橋を囲みます。

今はコンクリートの歩道の中にある北斗七星（写真提供⑤）

菖蒲園と「八ツ橋」

「八ツ橋」の周辺（写真提供②）

⑫徽軫(ことじ)灯篭

「徽軫灯篭」は、琴の糸を支える「琴柱(ことじ)」に似ていることからこの名が付いたと言われています。日本の金沢の「兼六園」にあるものが有名で、ポートランド日本庭園の徽軫灯篭も、兼六園から寄贈されました。

普通の灯篭は、一番上に笠があり、その下に灯篭部があり、その下はまっすぐ１本の柱になっているのが一般的ですが、この灯篭は、脚が２本あり、片方が短くなっています。長い方の１本を池や川の水につけ、短い方を陸に置いて、バランスをとって置くのが特徴です。同じく水辺に置く「雪見灯篭」が変化したものだと言われ、「雪見灯篭」と同じく、水面に映る姿を鑑賞します。

この日本庭園では、上の池と下の池を結ぶ川のちょうど真ん中のあたりに設置しました。

（徽軫灯篭の設置については、本文 66 ページをご覧ください）

「徽軫灯篭」の周辺から、「月の橋」方向を望む（写真提供①）

黴軫灯篭

⑬月の橋

「池泉回遊式庭園」の“上の池”の近くの川にかかるのが「月の橋（ムーン・ブリッジ）」です。

「月の橋」は、満月を半分にしたような丸い橋が水に映り、橋の上下を合わせた姿が「満月」に似ていることから、こう呼びます。ただし、ポートランド日本庭園では、見るだけでなく実際に人が渡るため、橋の曲線を緩やかにしています。

今日では、“月のように丸い橋”というより、“月を観るのにちょうど良い橋”という意味で「観月橋」とも呼ばれています。

（月の橋の製作については、本文54ページをご覧ください）

初夏の「月の橋」

秋の「月の橋」（写真提供①）

冬の「月の橋」

別の角度から見た「月の橋」

完成時、「月の橋」から「徽軫灯篭」を望む（写真提供④）

上の写真から 50 年後、同じ角度で望む（写真提供①）

⑭鶴亀(つるかめ)の池と長老の滝

“上(かみ)の池”にも、鶴に似た石・亀に似た石を置き、この池は「鶴亀の池」と名付けました。そして、「鶴亀の池」に流れ込む小滝は「長老の滝」と名付けました。

戸野教授は、一緒に滝の石組みをしながら、「この滝を見たり、滝のしぶきや音を聞いたりしたら、長寿を与えられるような滝を作ろう」とおっしゃっていました。見た目が美しいだけでなく、滝のしぶきの靄(もや)の色、水流の音色によって、心が癒され、長寿になるような滝にしようと考えたのです。

なお、「鶴亀の池」の茶室側のほとりには、本物の鶴を模したブロンズの彫刻があります。これは東京銀行（現・三菱ＵＦＪ銀行）が寄贈してくださったものです。日本の茶道が永遠に続くよう、祈りをささげていると言われています。

「鶴亀の池」と「長老の滝」

中央に２羽の鶴の像が見える（写真提供②）

鶴の像（写真提供②）

⑮すずかけの散歩道

「茶庭」の横に、川の流れと並行するのが「すずかけの散歩道」です。

戸野教授がこの庭園を設計したころの日本映画に、石坂洋次郎原作の「すずかけの散歩道」というものがあり、そこから名付けられました。

秋になると、モミジが紅葉して赤いトンネルのようになり、「恋人同士で歩くと恋が実る」と、戸野教授はそんなロマンチックなイメージでネーミングしたようです。

「すずかけの散歩道」の秋

⑯春日灯篭

灯篭は、日本庭園で使う伝統的な照明器具です。

「春日灯篭」は、元々は、奈良の春日大社にある灯篭ですが、火袋（灯篭の火をともす所）が、六角形であるのが特徴です。

いろいろな形がある灯篭の中で、今日、日本庭園で一番使われている灯篭と言え、ポートランド日本庭園にも多数が設置されています。

春日灯篭

雪見灯篭（写真提供①）

木の灯篭（写真提供①）

園内には、多数の灯篭がある

その後の庭造り

先に書いたように、1967 年４月の正式開園以降は、大きな造園土木の仕事はなくなり、木の植栽と手入れ、苔の栽培、アメリカ人職人の育成が仕事の中心になりました。

植栽は、「平庭」や「池泉回遊式庭園」の作庭のころから進めていましたが、庭園の面積が広大なため、まだまだやることはありました。

そして、木々は毎年成長するため、剪定が欠かせません。また、１度植えても、うまく土壌になじまずに枯れてしまう木があるため、植え替えも必要です。病気になる木も結構ありますから、そういう木には樹医さんと相談して、木の幹に注射をしたり、薬を入れたりしました。

剪定にしても、松の針金かけ（盆栽スタイル作り）にしても、一人ではできません。庭園の樹木の数は膨大なので、相当な人数の庭師を育てる必要がありました。すでに日本庭園は世界中で造られていましたが、この“庭園管理”の面をおろそかにしたために、ジャングルのように見るも無残になっている庭が海外にはたくさんありました。

日本庭園は、たゆまぬ手入れが大切なのです。

そこで、私は、早い時期から、日本庭園の維持管理ができる人材の育成に努めました。日本庭園を維持するために、剪定や肥料などの管理がどうして必要であるかを説き、植物ごとに手入れの時期や方法を教えました。松の木の盆栽作り（針金かけ）なども教え、常時、植木の形を崩さないように指導しました。

また、彼らに“日本の美意識”を理解してもらいたくて、華道や茶道についても学んでもらいました。日本庭園を守るということは、表面的なものではなく、“日本の心”を守ることだと思ったからです。

アメリカ人に教えるのには困難やとまどいがありましたが、私の言葉をだんだんと理解してくれました。また、休みの日には、一緒に遊びに行ったり、柔道や合気道などを教えたり、そういうメンバーもいて、お互いに心が通い合うようになっていました。

そんなふうに、私がポートランド日本庭園を離れても、しっかり庭園を維持管理できるよう、精いっぱい教えていきました。

松の枝の形を作る筆者

松の成長と共に剪定で樹形を整え、20年も経つと右の写真のようになる。

苔の栽培

木の植栽と共に力を注いだのは、苔の栽培です。日本庭園には、植木だけでなく、苔が重要な役割を果たすからです。

苔は、山から取った株を植えたり種をまいて育てます。湿気のある所を好むため、最初は日陰に苔を植え、水分と養分を与えましたが、なかなか根付きませんでした。試行錯誤の末、苔の生育には、太陽の光も重要であることに気づき、日の光が当たるようにすると、順調に根付くようになりました。

苔の生育には、太陽のほか、水と養分（窒素リン酸カリ）の管理が重要です。日本では湿度が高いため、あまり厳重な水の管理をしなくても育ちますが、アメリカは空気が乾燥しているため、気をつかいました。

日本庭園内には、植物に水をやるため、地面の下に水のパイプを張り巡らせ、お客様から見えないように10mくらいの間隔で蛇口を設置しています。そこで、初めはこれを使って、ホースで苔に水をやっていました。

しかし、労力が膨大なため、次いで、スプリンクラーを試みましたが、普通のスプリンクラーでは苔がうまく育たないことが分かりました。

そのとき、オレゴン大学が、ゴルフ場の芝の管理を目的に、グランドカバー用の新たなスプリンクラーを研究していることを知りました。湯気のような霧で水を供給するもので、この水に窒素リン酸カリの肥料を入れ、空気の乾燥度合いにより自動的に水分供給するというものでした。

まだ、製品として市販されていない新型スプリンクラーでしたが、同大学の協力を得て、試験的にこれを入れました。すると、苔の生育には最適で、同じ型のスプリンクラーを追加寄贈いただくことになりました。これにより、苔は、安定的に育つようになりました。

苔は、このくらいの株を植えていく

太陽と水と養分で成長した苔庭（写真提供②）

日本に帰るべきか、アメリカに残るべきか

そして、1968 年が開けました。私は、1965 年５月にポートランドに来た時、戸野教授から「３年は帰れると思うなよ」と言われましたが、いよいよその３年が経とうとしていました。

私は当初は「３年経ったら日本に帰り、戸野教授の下で助手として大学に残ろう」と思っていました。

また、大学からも「アメリカから帰ったら、仕事は良い会社を紹介するから心配するな」という連絡が来ていました。

だから、日本に戻ろうか……という気持ちもありました。

しかし、このアメリカにいれば、私は「ポートランド日本庭園を造った人」として一目置かれ、期待されますが、日本に戻れば、たくさんいる一介の造園建築士の一人にすぎません。

「アメリカで希少価値のある日本庭園造園家として生きていく方がいいのではないか？これは、チャンスなのではないか？」

「広いアメリカで日本庭園を造る造園建築士として勝負をしてみたい」

私の中では、そんな思いが日増しに強くなっていました。

この時、私はすでに 30 歳になっていましたから、大きな選択の分かれ目でした。

揺れる心のまま 1968 年４月を迎え、私は、戸野教授の意向もあり、もう１年「オレゴン日本庭園協会」の職員として、ポートランド日本庭園に勤務することになりました。

来場者から、庭造りを頼まれる

このころになると、ポートランド日本庭園の来場者は増え、中には
「自分も、家にこうした日本風の庭を造りたい。造ってくれないか？」
と言う人も出てきました。映画俳優や歌手のようなスターからの申し出もありました。

私は、当時、まだオレゴン日本庭園協会の職員でしたから、仕事として受けるわけにはいきません。けれども、協会に多額の寄付をしてくれるような地元の有力者からも申し出があり、協会長や戸野教授とも相談して、土日の休みに造れるような軽い仕事は、受けることになりました。

こうして、何軒か、仕事をしました。玄関先に少し和風のテイストの石と植物を置くような小さな仕事でしたが、私の胸には、アメリカで造園建築士として開業する夢が次第に大きくなっていたため、貴重な経験になりました。

そして、映画俳優や歌手をはじめ、日本庭園を造りたいというアメリカ人が少なからずいることは、今後のビジネスの可能性を感じさせ、私の肩を大きく押すことになりました。

エレクソンの解任

そんな1968年のある日、私の大事な仕事仲間のエレクソンが日本庭園を去ることになりました。エレクソンは、先に書いたように、熱烈な日本庭園愛好者で、ポートランド日本庭園の庭石探しから、資材調達、植木の調達、クレーンなどの機械の手配、作業員の手配など、裏方仕事を一手に引き受けてくれていました。

エレクソンは、先に書いた通り、毎週、休みを利用して一緒に山へ“石”を選びに行ってもくれました。ものすごい情熱家でした。

茶室をピンクに塗ろうとしたり、石に付いた苔を削り落としたり、日本文化を理解しきれず、おかしな提案もしましたが、日本庭園を愛する心は本物でした。

私と意見が食い違う時は、「ホワイ？ホワイ？ホワイ？（なぜ？なぜ？なぜ？）」としつこいくらいに聞いて分かろうとしました。

彼は、真実、日本庭園のために貢献してくれました。私は、50年余りアメリカで過ごしましたが、エレクソンほど庭造りに一生懸命な人はいませんでした。

だから、私はエレクソンを愛し、ずっといてほしかったのですが、庭園協会の秘書と意見が合わず、後任のロビー・ロビンソンに、席を譲ることになってしまったのです。

エレクソンが去る日、私は、庭園のために尽力してくれた偉大な人物との別れに、涙が出ました。

私は、エレクソンの退職後、英訳された日本庭園の本を送りました。するとエレクソンは、「平とは、よく議論したが、この本を読んでいろいろ分かった」と言ってくれました。

エレクソンと私は、その後も友人として付き合い、ドライブや夕食を共にし、交際を続けました。ドッグレースを観に行ったり、日本食レストランで寿司を食べたりもしました。

彼は、98歳まで生き、数年前に亡くなりましたが、日本庭園と日本人をこんなに愛してくれたエレクソンのことを、私は死ぬまで忘れることができません。

さらばポートランド日本庭園

こうして、エレクソンが去り、私は、後任のロビー・ロビンソンと庭園造りを進めました。しかし、すでに日本庭園は95%以上完成しており、「造園」と言うより「維持管理」の要素が主になっていました（「自然の庭」や「パビリオン」は未完成でしたが、予算の都合で先延ばしになっていました）。

私は、日本に帰るべきか、アメリカに残るべきか、真剣に考えました。

戸野教授にも、

「東京農大に戻りたい気持ちもあるが、アメリカで勝負してみたい」

と相談すると、

「君は、アメリカにいた方が伸びる」

と言って、造園設計事務所の開設に賛成してくださいました。

こうして、私は、1969 年７月にポートランド日本庭園を退職し、同時に結婚して、新たな人生の一歩を踏み出したのです。

第3章　その後のポートランド日本庭園と、私

ポートランド日本庭園のその後

その後のポートランド日本庭園と、私の人生についても、少し書きます。

私が、1969 年７月にポートランド日本庭園を去った後は、公園課のロビー・ロビンソンが中心になり整備を続けました。

しかし、当時、来場者はまだ十分ではなく、予算的には厳しい状況だったので、当初から「平庭」に予定されていた「パビリオン」の建設は延期になり、特筆すべき新たな展開はありませんでした。

1971 年になると、80 歳になった戸野教授は持病の喘息が悪化して飛行機に乗ることができなくなり、引退することになりました。

これに対し、当時、オレゴン日本庭園協会会長だったドゥウイース氏から「日本庭園は日本人の手で……」という強い要請があり、日本人の若手造園家が常駐して維持管理を行う「庭園ディレクター制度」が導入されました。

そして、1972 年には、東京農大出身の榊原八朗氏がディレクターに就任。戸野教授が構想はしつつも、ついに設計・施工に至らなかった「自然の庭（Natural Garden）」を 1974 年にかけて造園しました。この庭は戸野教授の設計ではなく、３代目ディレクターの榊原八朗氏が、師と仰ぐ小形研三氏の設計理念「自然写景」のコンセプトを持ち込んだもので、木々や草花、苔など、現地の自然を生かした自然風景そのものの庭園であることが特徴です。

こうして、庭園ディレクターは、私を初代とし、1991 年まで、次の面々で延べ８名続きました。

・栗栖宝一（２代目　1968～73）
・榊原八朗（３代目　1972～74）
・和久井道夫（４代目　1974～76）
・水野雅之（５代目　1977～80）
・佐野吉郎（６代目　1982～84）
・土沼隆雄（７代目　1985～87）
・田中　徹（８代目　1988～91）

そして、それぞれに庭園の整備を進めると共に、①剪定などの維持管理の技術を現地スタッフに指導し、②日本庭園のもつ美意識、価値観、思想などの理解促進と啓蒙に努めました。

初代（手前）から順に並ぶ歴代のディレクター

この間、1980年には「平庭」に「パビリオン」が建設され、1986年には「武家門」の手前に管理棟が建設されました（管理棟は、2016年のリニューアルで撤去され、隈研吾氏デザインの新たな建物に生まれ変わりました）。

1991年からは、十数年に及ぶ維持管理技術のトレーニングで日本庭園を管理できる技術者が育成されたとして、マイケル・コンドー技術主任を中心とした現地スタッフによる維持管理に移行。

さらに2008年からは、内山貞文氏を新たに「庭園学芸員」として、継承と進化を進めています。

世界中の多くの日本庭園が陳腐化・無国籍化する中で、ポートランド日本庭園が今日もなお、本格的な日本庭園であり続けられるのは、こうした現地スタッフの努力の賜物であると言えます。

本当にありがたいことです。

大学で学び「ランドスケープ・アーキテクト（造園建築士）」の資格を取る

一方、私は、1969年7月にポートランド日本庭園を退職した後、ワシントン大学に入りました。私はポートランド日本庭園での実績があったので、オレゴン州では造園建築の仕事ができました。しかし、他の州では開業できないため、国の「ランドスケープ・アーキテクト（造園建築士）」の資格を取ることにしたのです。

資格には、上から、

①ランドスケープ・アーキテクト（造園建築士）
②ランドスケープ・デザイナー（造園デザイナー）
③ランドスケープ・コントラクター（造園士）

――の三つがあり、庭師（ガーデナー）や植木屋（ナーセリーマン）は、この下で働きます。一番上の「ランドスケープ・アーキテクト（造園建築士）」の資格を取れば、造園に関するすべての仕事を、アメリカ全土でできるため、私は、英語が不得意な中、必死に勉強しました。

そして、1年後の1970年7月、無事に資格を取りました。

カリフォルニアで日本庭園ビジネスを起業

卒業後は、カリフォルニアで「ヒラ・ランドスケープ・デザイン」を起業しました。カリフォルニアで起業したのは、当時すでにハリウッドの映画スターから仕事の打診があり、ビジネスの場に適していると思ったからです。

しかし、映画スターは、アメリカ中、いや世界中を飛び回っており、日本庭園造りに興味を示す人から電話などの連絡はあっても、なかなかすぐには仕事の受注まで至りませんでした。

その代わりに、ポートランド日本庭園のウィルソン副会長や、私のポートランド日本庭園での実績を知る人から仕事の紹介がありました。

それらの仕事は、玄関先に石や樹木による和風テイストのフィールドを造ったり、裏庭の一角に同じような和風のフィールドを造るといったもので、いずれも１～２カ月程度でできる小さな仕事でした。

けれども、クライアントは喜んでくださり、また、知人を紹介してくれ、だんだん規模の大きな仕事も依頼され、仕事は順調に展開しました。

この年には、長女も生まれ、すべて順調でした。

契約書の不備で大きな損失を出す

しかし、私は、まだアメリカのビジネスを知りませんでした。日本のように簡単な契約書だけ交わし、後は「信頼関係」で……という甘いスタンスでビジネスをしていたのです。このため、大きな失敗をしてしまいました。

ある大きな邸宅の造園を受注し、代金の３分の１をもらい着手しました。そのお金で、材料の石や樹木や灯篭などを買い、作業員を雇い、庭を造りました。５～６カ月後完成し、イザ残りの代金をいただこうと訪ねると、邸宅には奥さんはいるものの、主人がいません。離婚したと言うのです。仕方がないので、奥さんに残金を請求すると、契約書をかざして言うのです。

「この契約は元の亭主が結んだものでしょ？なんで私が支払うの？」

契約書にあるのは元の亭主の名前だけなので、払う理由がないと言うのです。残金は日本円で2000万円もありましたから、私は焦りました。すでに、材料費などで借金もしており、残金がもらえないとピンチです。

弁護士にも相談しましたが、結局、私の交わした契約書では、それ以上の代金を得ることは不可能とされ、私は大きな借金を抱えてしまいました。

和風テイストの玄関先

コストメサ市長宅（造園時）の玄関先

妻子を鹿児島の実家に帰して、借金を返す

あてにしていた2000万円が入らず、私は借金の返済に窮しました。

すると、ある朝、自宅前に止めておいたトラック３台がすべてなくなっているのです。調べてみると、私が毎月の返済をしないので、夜中に銀行が借金のかたに持って行ってしまったとのこと。当時の銀行は、そんなこともしたのです。私は、商売道具のトラックを取り上げられて動きがとれなくなってしまいました。

とにかく、借金返済のめどをつけないと前に進めません。そこで私は、鹿児島の実家に頼み、妻と生まれてまだ１歳にもならない娘を預かってもらうことにしました。借金の返済を進めるためです。そして、私は、安アパートに居を移し、高層ビルの解体現場でコンクリートの鉄筋を切る仕事に就きました。高層へ登るので危険な仕事でしたが、給料は１日30ドルが相場のところ、その10倍を稼ぐことができました。車がないため、自宅から現場まで50㎞の距離を自転車で通わなければなりませんでしたが、この仕事を数カ月間続けて、ようやく借金の返済にめどをつけました。

車に寝泊まりしながら造園業に復帰

その後、安アパートを引き払い、仕事にも使える大きめの中古車を買って、しばらくはそこで寝泊まりしながら仕事をしました。

幸い、造園の仕事も、最初の数軒のクライアントから新規顧客の紹介があり、大きな仕事ではありませんでしたが、少しずつ再開できました。

まだ社員はいませんでしたから、作業員には、朝、職業安定所の周りで仕事にあぶれた人と交渉して日雇いで雇いました。その際、必ず、

「現金はあるのか？」

と聞かれるので、１ドル札100枚の束を用意して、その一番上だけ100ドル札に替え“見せ金”としました。その現金を見せ、彼らを雇いました。

貧しい生活が続いても、ポートランド日本庭園を造った日々を思い出し、〈必ず、戸野教授が造ったあの庭園に匹敵する庭を、自分の手で造ってやる！〉と心は燃えていました。

こうして、日本庭園造りへ軌道を戻し、実家に預けた妻子は、半年ほどで呼び戻すことができました。

仏教寺院や「４４２日系人部隊記念公園」から広がる人脈

そのころから、ボランティアで仏教寺院の庭造りを手伝いました。オレンジ仏教会、ロサンゼルス仏教会、オレゴン仏教会、コストメサ東本願寺など、後々まで 10 以上の庭造りを手伝いました。

また、「４４２日系人部隊記念公園」のボランティアも積極的に行いました。アメリカは、第２次大戦中、日系アメリカ人約 12 万人について、財産をほとんど没収したうえで強制収容所に入れましたが、その中から「アメリカに忠誠を誓う」ことを条件に志願兵を募集し、日系人による陸軍部隊を編成しました。それが「４４２日系人部隊」です。

「４４２日系人部隊」は、ヨーロッパ戦線に投入され、勇猛果敢な戦いぶりで数々の戦果を上げました。中でもドイツ軍に包囲された「テキサス大隊」の救出では、211 人全員を救出する一方、216 人の死者と 600 人以上の重傷者を出しアメリカ陸軍史に残る激戦と言われています。

こうした活躍で、同部隊は「アメリカ軍の歴史で最も多くの勲章を受けた部隊」と呼ばれ、オバマ政権下では、民間人に与えられる最高位の勲章「議会名誉黄金勲章」も授与されました。

その「４４２日系人部隊」を記念する公園が、ロサンゼルスほか日系人の多いカリフォルニア州には５つくらい造られ、その後、ユタ、シカゴ、マイアミ、ダラスなど、４４２部隊の隊員の出身地にも次々と造られました。

交通費と食事代のみ支給のボランティアの仕事でしたが、私はこの部隊に感銘を受けていたので、のちのちまで積極的に参加しました。ボランティアですから、造るのは土曜と日曜です。シカゴやマイアミなど遠方の場合は飛行機で行って現地に１泊して手伝いました。造園は、何十人ものボランティアと一緒に協力して行いましたが、庭のデザインは私も担当させていただきました。

こうして、仏教寺院や「４４２日系人部隊記念公園」の奉仕の仕事で、多くの日系人の造園士（ランドスケープ・コントラクター）や庭師（ガーデナー）と知り合い、その人脈から人気歌手カーペンターズの庭なども手伝いました。

人脈の広がりと共に、ボランティアではない仕事にも声をかけていただく機会が増え、ビジネスの幅が広がっていきました。

オレゴン仏教教会の庭

442 日系人部隊記念公園造園中のスナップ

フランク・シナトラの庭を造る

1971 年には、有名な歌手で映画スターでもあるフランク・シナトラの庭を造りました。シナトラの家は、門から入って玄関まで 300m もあるような家でしたから、庭は広大です。最初に手掛けたのは裏庭造りでしたが、それだけでも６カ月かかりました。

シナトラは、できた庭をとても気に入り、新規顧客を紹介してくれ、さらには、アメリカにおけるビジネス成功の秘訣も教えてくれました。

例えば、シナトラは、「『平欣也の日本庭園』というブランドを大切にしなさい」と言いました。「ヒラさんは良い仕事をするのだから、安売りしちゃダメだ。できればビバリーヒルズ以外の仕事はせずに、高級な日本庭園造りだけに専念すべきだ」とも勧めました。

こうした「高級な日本庭園造り」というブランド化は、シナトラの言うとおり重要なポイントで、その後、評判を聞いた、エルビス・プレスリーの叔父、宝石商サム・ファロー、“レタス・キング”南弥太郎、ダグラス・マッカーサーの孫、カール・ルイスなど、多くの方の庭を造りました。

こうして、仕事が順調に回り始め、複数の仕事を同時に手掛けるようになりました。さらには、仕事を受注するに当たり、お客様に３カ月、半年と待っていただくようにさえ、なったのです。

主要な仕事の思い出

以下では、私が手がけた庭と仕事の思い出について、少し紹介します。

１）ロサンゼルス日米文化会館の日本庭園とイサム・ノグチ氏との出逢い

日米文化会館は、日本とアメリカの文化交流を目的としたもので、ロサンゼルスの日本人街にあります。６階建のビルディングと 200m×200m の庭からなり、その日本庭園を私が中心になって造りました。

庭園のデザインは、“アメリカに来た日本人の歴史”を表現しています。移民としてアメリカに渡った日本人は、日米戦争の際、日本から来た日本人と、アメリカで生まれた２世３世とで意見が分かれ、「私は日本人だ」「いや、私はアメリカ人だ」と対立しました。一つの家族が、親と子・孫で割れてしまったのです。それを表現するために、高低のある土地の高い所に大きな滝

日米文化会館の庭

同じく日米文化会館の庭

を造り、そこから流れた川が、やがて日米戦争で二つに分かれ、様々にぶつかり合い、しかし、最後には平和が訪れ一つになる……。そんなストーリーを描いてみました。

造園は、私の事務所が受注して行いましたが、土日は日系の造園家にボランティアを募って一緒に行いました。資金、植木や石、造園に使う機材など諸々は、日系人と日系企業で出し合いました。私も、土日はボランティアです。土日ごとに50～100人が集まって造りました。

庭園は、1年近くをかけて1980年に完成しました。現地日系人の皆さんの力を借りて完成させることができました。

・全米造園大賞をいただく

この庭は、高い評価をいただき、完成の翌年1981年には「全米造園大賞」を受賞しました。授賞式があるというのでワシントンのホワイトハウスに行きました。そこで、レーガン大統領から授与される予定でしたが、ちょうどレーガン大統領が銃撃される事件があり、代わりに大統領夫人（ナンシー・レーガン）から大賞をいただきました。

大統領夫人は、爽やかで上品、美しい方でした。日本庭園のことや、日本文化、取り分け茶道について質問をいただきました。その時、ポートランド日本庭園のことをお話したら、ぜひ行ってみたいとおっしゃっていました。大統領の任期が終わったら、ぜひ自宅にも日本庭園をデザインしてほしいとも、おっしゃいました。

私が、敬意を表して「ミセス・プレジデント」とお呼びしたら、

「ノーノー、コール・ミー・ナンシー（ナンシーと呼んで）」

と気さくにおっしゃる楽しい方でした。私の英語がヘタなことを気遣って、易しく話してくださったことも懐かしい思い出です。

・イサム・ノグチ氏との出逢い

また、余談になりますが、日米文化会館の日本庭園を造っている最中、私は思いもかけない人と知り合うことができました。イサム・ノグチ氏です。

ロサンゼルス生まれの彫刻家、画家、インテリアデザイナー、造園家、舞

日米文化会館の庭から会館を望む　　レーガン夫人と共に

イサム・ノグチ氏の彫刻の庭

台芸術家でもあるノグチ氏は、私が、東京農大の学生時代、パリのユネスコでノグチ氏が作った庭園を見て「私も西洋人の美的感覚に合う新しい日本庭園を、外国で造ってみたい」と思わせた、憧れの造園家でした。広島では、彼が造った「平和大橋」も見て感動していました。その彼が、日米文化会館の一角で“彫刻の庭”を造っていたのです。

私は、矢も楯もたまらず

「私もランドスケープ・アーキテクトで、あなたが造ったユネスコの庭や平和大橋を見て感動しました。あなたの仕事を手伝わせてください」

と言うと、最初は黙って私を見ていましたが、

「いくらだ？」と聞いて来ました。

「あなたから勉強したいのでお金は要りません」と言うと、

「Think over（少し考えてみる）」と言い、その日はそれまでとなりました。

ダメかなとは思いましたが、次の日、隣の現場の高い所から、ノグチ氏が私の現場を見ているのに気づきました。そして、３日目、また見に来て、手招きをしました。しかし、ちょうどクレーンで岩を設置している最中だったので、私は両手で「×」を作り、断わりました。

そして、昼休みに謝りに行くと、

「君は、グッド・アーティストだ。君は、良い仕事をしているし、それに、みんな私にペコペコするのに、ノーと言うべき時はちゃんとノーと言える」

と笑顔で言いました。そして「どうしたいんだい？」と聞くので、

「勉強したいので、一番安い作業員と同じ仕事でいいから手伝わせてください」と言うと、了承してくれました。

ちょうど自分の仕事が一段落した時だったので、それから１カ月、私はノグチ氏の下で手伝いました。私がしたのはコンクリートの施工など大したことではありませんでしたが、そばで見るノグチ氏の仕事ぶりは情熱的で感動しました。自分が造った造形が気に入らないと、「I don’t like this」といって地団太を踏み、「Kill me！Kill me！」と自分の頭を30分ほどもたたいていました。そして、納得がいくまで作り直していました。その妥協のない姿勢は、戸野教授と同じかそれ以上で、私は改めて襟を正す思いでした。

喫茶店で話をすることもありましたが、言葉の端々に芸術家の名前や理論

的な言葉が出てきて、すごく勉強になりました。
「女性の美しさは、何にも代えがたい芸術だ」と言い、「何か創るときは、いつも女性の美しさを頭に描いている」とも言っていました。話し出すと機関銃のように猛然と話し続けていました。
　１カ月ほど手伝うと、何万ドルという法外な謝礼をくれました。
　お礼の手紙を出すと、すぐに返事が来て、
「また、造園の仕事があったら手伝ってくれ」と書いてありました。
　ノグチ氏は当時 70 歳を過ぎており、その後、一緒に働くことはありませんでしたが……。

イサム・ノグチ氏の彫刻の前で母親と記念撮影をする筆者

2）宝石商サム・ファロー

前述の日米文化会館の仕事は長期にわたって続いていたので、いろいろな人が見に来ていました。宝石商のサム・ファロー氏もその一人で、何日か続いて作庭を見に来たある日、私に話しかけ、

「自分も、このような日本庭園を欲しいので、一度自宅を訪ねてほしい」と依頼されました。彼は、宝石店を10軒ほど持つ宝石商だそうです。

彼はアメリカ人ですが、奥様はイランの王女とのことで、ビバリーヒルズの自宅を訪ねると、信じられないくらい広大な土地に、立派な邸宅を構えていました。

純日本庭園を造りたいとのことでしたので、どんな庭が欲しいのか、彼のイメージを尋ね、京都の庭の写真を見せ、スケッチを描いていきました。

そして、滝や大きな池、川や橋、茶室……と造っていきました。

また、私が日本人の鯉屋さんを紹介したことがきっかけで、日本の錦鯉に夢中になり、1匹500万円もする鯉を買いました。そして、鯉が良く見えるように、池の深さを2.5mにし、当時最新の浄水フィルターを設置して、池の水が飲めるほどにきれいになるようにしました。そこへ、鯉を30～40匹も入れて楽しみました。

サムの家は広大でしたから、1度作っても、2度、3度、4度……と、さらに庭を造る注文が来ました。

また、サムは、宝石商という商売柄、人脈が幅広く、何百人もの人を紹介してくれました。その中には、サムの家で日本庭園に感銘を受けた人も多く、実際に私と契約して庭を造った方も100人ほどに上りました。「スター・トレック」などを作った映画監督のジェフェリー・J・エイブラムス、俳優のレオナード・ニモイなど、皆、サムが紹介してくれました。

言うなれば、サムは、お金持ちに日本庭園を紹介する仲介人となってくれたわけです。ただし、仲介料などは取らず、純粋に

「日本庭園の素晴らしさを、より多くの人に知ってもらいたい」

という善意で行っていたのでした。

こうして、サムとの付き合いは今日まで40年近くにわたり、私が順調に仕事ができたのは、サムによるところが大きかったと言えます。

サム・ファローの庭は広大で、中には大きな川がある

上の写真と反対方法を望む

3）“レタスキング”南弥右衛門

ロサンゼルスから車を３時間ほど走らせると、カリフォルニアの北部にサンタマリアという町があります。そこに、「レタスキング」と呼ばれる、野菜作りで有名な日系人がいます。アメリカのバーガーキングやマクドナルドのハンバーガーのレタスは、皆レタスキングが納めていると言われるほど、全米の野菜作りでは有名な一家です。

明治時代に南弥右衛門氏が入植し農業を始め、この土地に合う野菜栽培を研究して、戦前から財を成しました。しかし、日米戦争時は収容所に入れられ、何の希望も持てない中で、手持ちのシャベルを使い、松の代わりにサボテンを植えて“日本庭園”を造り、故郷を懐かしんだそうです。

そして、戦後再び農業にいそしみ、日本の熊本県に匹敵する大きさの農園にまでなったと言いました。

私が伺った当時は、弥右衛門氏は隠居し、息子の弥太郎、勇のお二人と相談して庭を造りました。三人共、日本庭園が大好きで、滝や川の流れ、錦鯉が泳ぐ池など、静かで落ち着いた庭園を造りました。

4）アンディー松井

サンフランシスコに住む松井氏は、別名「蘭キング」と呼ばれ、蘭をはじめとする洋花の栽培で有名です。従業員が何百人もいる会社を経営し、洋花の研究所も持っています。広大なアメリカでは、洋花を運ぶのに自家用飛行機を使い、目標地点で落下傘で落とすのだという話を聞いたこともあります。

その松井夫妻が茶道を好み、依頼されて日本庭園の中に茶室を造りました。

一般に、新しい庭が出来上がるとクライアントは完成パーティーを開き、友人を大勢呼びます。そして、招待された客は「アメリカにはない美しさだ」「神秘的だ」と口々に感動して、「自分の家にも造ってください」と私の次の仕事につながります。松井氏の場合は、それに加えて、茶室にはお客様を招くのが常ですから、私が造った茶室・茶庭の評判はどんどん広がり、次々に仕事をいただきました。

全米には茶道を嗜む愛好者が約 6000 人もいるそうです。新しい茶室・茶庭が完成するごとに、それが新たなお客様を生み、最終的に、私は茶室の設計・施工業者とパートナーを組んで、延べ 100 軒以上の茶庭を造りました。

大きな岩は、クレーンで吊り上げる

造成中の１枚

6）カール・ルイス

1984 年のロサンゼルスオリンピック当時、私は全米陸上競技連盟会長の庭を造り、カール・ルイスはその紹介で知り合いました。

カール・ルイスは、1984 年のロス五輪では 100m走、200m走、走り幅跳び、400mリレーの４種目で金メダル。1988 年のソウル、92 年のバルセロナ、96 年のアトランタと合わせて金メダル９個という、陸上界の超人です。

サンタモニカ近くの丘に、１軒目はふもとで豪邸を構え、日本庭園を造りました。そして、彼の陸上の活躍が続くほどに、２軒目は中腹に、３軒目は丘の頂上にとステップ・アップし、その都度、庭を造りました。いずれも眼下のサンタモニカ、その向こうの太平洋を借景にして一つの庭に見えるように造りました。滝が好きでしたので、大小４つの滝を設けたものです。

陸上界の英雄なので、どこへ行っても人気者でしたが、本人はいたって純粋な人で、「日本人は、信用できるから好きだ」と言っていました。

巨人の長嶋茂雄氏とは親友だと言い、2004 年に長嶋氏が脳梗塞で倒れた際は、本当に悲しんで「シゲ、よみがえってくれ！」と泣いていました。

7）レオナード・ニモイ

レオナード・ニモイの庭も小学校の運動場のように広く、初めの受注分を半年ほどして完成させると、また、翌年はここ、その次の年は、玄関周りのここ……という具合に長くお付き合いさせていただきました。

とてもやさしい人で、一緒に食事をしたりお酒を飲んだりしました。その際、ニモイは「日本庭園に出てくつろぐ時が、人生で一番幸せな時だ」とよく言っていました。

彼は、2015 年に 83 歳で亡くなりましたが、最後のツイートは「人生は庭園のようなものだ。ときに完璧な瞬間があっても、それは束の間で、思い出に残るのみ。長寿と繁栄を（A life is like a garden. Perfect moments can be had, but not preserved, except in memory. LLAP)」だったそうです。彼の心の中には、人生が走馬灯のようによぎり、晩年、凝っていた庭になぞらえて、思い通りの人生を描く難しさをつぶやいたのでしょうか……。

右上がカール・ルイス

カール・ルイスの庭の一部

多くの警察署長にも日本庭園を造る

このほか、私は警察署長をしている人の庭もたくさん造りました。アメリカの警察署長は、経営者なみの権限と高給で処遇されていましたが、アメリカは犯罪者が拳銃を持っているケースが多いため、警察官の死亡率が高く、警察署長はとてもストレスが大きい職業なのだそうです。

そんな彼らの一人が、私の作った日本庭園について、ある時、こんな話をしてくれました。

「仕事から帰り、風呂から出て裏の日本庭園を歩くと、小路のほとりのせせらぎに触れ、自然の山の中にいるような気がします。エキゾティックな気分になります。片手にワインを持ち、灯篭のロウソクのたなびく灯りに、遠い東洋の、まだ行ったことがない日本を思います。この庭のやさしさが、私の心を癒し、明日も仕事を一生懸命頑張ろうと、励みと心強さを与えます。退職したら、日本に行ってみますが、その時まで、ここが私の日本です」

私は、この署長にとって、東洋のエキゾティックな日本庭園が、犯罪と闘う明日の鋭気を養うのだなと、嬉しく思いました。

第４章　最後に伝えたいこと

原爆の本当の地獄

私は、ここまで述べたように、縁あってアメリカに来て50年間、この地で「造園家」として生きて来ました。

渡米を考えていたころ、アメリカに抱く第一印象は、「憧れの先進国」というイメージでした。だから、アメリカ行きを願ったのですが、しかし、一方では、戦後まだ20年経っていない段階でしたので、「戦争で同胞を殺した国」という印象もありました。私の中には、相反する二つのアメリカがあったのです。

特に、後者の「戦争で同胞を殺した国」という中には、私が戦時中、広島に住んでいたこともあり、鮮烈な記憶がありました。それについて書きます。

私が、原爆投下当時、広島郊外の小学校にいたことは先に書いたとおりです（25ページ参照）。原爆の爆風で二人のクラスメイトが亡くなりました。しかし、あんまり突然のことだったため、私の体中にガラスの破片が刺さったことなど、断片的なことしか覚えていません。

よりハッキリと覚えているのは、その後、自宅に帰ってからのことです。それは、私が見た「原爆の本当の地獄」でした。

当時、私は、母方の祖父の家に住んでおり、広島の町からいったん谷を下り、また上ってすぐの所にありました。私が、家に着いてしばらくすると、広島から逃れて来た原爆の被災者が続々と家にやって来ました。

私は、その姿を見て驚きました。皆、真っ裸で焼けただれていたからです。髪はチリチリに焼け、皮膚は赤黒く剥けて顔も手足も体中から皮が垂れ下がっていました。女も子供もありません。皆、幽霊のようでした。

祖父は村長をやったこともある人でしたから大きな家屋でした。そこへ30人も40人もどんどん被災した人々がやって来て、家に入りきらなくなると、庭にゴザを敷いて寝かせました。あっという間に100人ほどにもなり、「痛い痛い」といううめき声があたりに満ちあふれました。

母親は、眼医者でしたが、この緊急時にそんなことは言っていられません。人々にやけどの薬を塗り、治療を始めました。しかし、〈もう、自分は助からない〉と分かっている人も多く、時間の経過と共に、多くの人が苦しみながら死んでいきました。

ある人は、私の母を拝みながら死んでいきました。
ある人は、水を欲しがりながら死んでいきました。
かわいそうで仕方ありませんでしたが、どうすることもできませんでした。
やけどやケガをしていない人もバタバタ死んでいき、
「どうして、この人たちは死んでいくんだろう」と母親は不思議そうにしていました。
家の裏が丘になっており、そこへ登ると、広島の町が見えました。広島には、7つの川があり、その川だけはそのままでしたが、あとは、家々もビルもすべてがなくなっていました。
「広島、何もなくなったよ」と母親に言うと、ちょうどそこへ、広島の町を見に行った祖父が戻って来ました。そして、「広島に救護に行くから、一緒に来い」と言い、自転車の後ろに母親を乗せ連れて行きました。
母親は、そのまま1カ月以上、家に帰って来ませんでした。収容所に寝泊まりして救護に当たったのです。
母親が広島へ行った数日後、私が母親を訪ねると、大きな講堂に何百人もの人が横たわり、嫌な臭いが立ち込めていました。母親は居ましたが、いつもは優しい顔の母親が、目を吊り上げて血だらけの格好で働いていました。私は、怖くなり、黙ってその場から逃げ去りました。
翌日、また恐る恐る母親を訪ねると、「家にある紙をあるだけ持って来なさい」と言いました。急いで家に帰り紙束を持って戻ると、
「女の人にかけてあげなさい。裸で死んでいくんじゃ、あんまりかわいそうだから……」と言いました。
見ると、あたりに横たわる人は、ほとんどが裸なのです。焼けた服を剥ぎ取り、やけどの薬を塗ってもらっていたのでしょうが、皮膚は赤黒く剥けている人がほとんどで、もう動かなくなっている人もたくさんいました。
私は、母親の言うとおりに、女の人にかけてあげました。紙が足りないことが分かると、小さく切って、胸と大切な所だけでもかけてあげました。小さな女の子は、もう死んでいるようでしたが、かけてあげました。
一人ひとりにかけてあげながら、涙が止まりませんでした。
後に母親は、こう述懐していました。

「300 人収容されたうち、290 人が亡くなってしまった。私の力ではどうすることもできなかった。被災者がやけどでボロボロの手を合わせて、私を拝むのよ。私を神様のように頼ってくれた。でも、結局、助けてあげられなかった……。傷がない人でも、翌日にはぽっくり亡くなっていた。放射能のことは知らないので、何が起きたのか分からず、途方に暮れるしかなかった……」

母親は、後に天皇陛下から表彰状をいただきましたが、この時の話になると、いつも涙を流して悲しんでいました。

当時、私は８歳でしたが、女も子供もなく、10 万人余りの市民を悲惨な形で殺した原爆のことは、一生忘れることができません。

だから、原爆を落としたアメリカを憎む気持ちはぬぐうことができません。

墜落機のアメリカ兵を助けた祖父

けれども、私には、もう一つ印象に残る戦争体験がありました。

それは、墜落機のアメリカ兵を母方の祖父が助けたことです。それは、原爆が投下される少し前のことです。家の近くでアメリカの爆撃機が撃墜され、乗員がパラシュートで脱出しました。

それを庭で見た祖父は、猟銃を取ると、パラシュートの降下地点めがけて走りました。

一つ目のパラシュートの所へ行くと、アメリカ兵はすでに死んでいました。続いて、もう一つのパラシュートの所へ行くと、村の人々が、棒や竹ヤリでアメリカ兵を袋だたきにしようとする所でした。

祖父は、それを見ると、ズドンと猟銃を彼らの頭上めがけて撃ちました。

「何するんね！」

村人は、かつて村長まで務めた祖父が、いきなり自分たちに向けて猟銃を撃ったのに驚き、散り下がりました。

祖父は、すかさず、アメリカ兵の前に立ち塞がると、

「こいつには、指１本触れさせん。こいつは、すでに捕虜なんだ。捕虜は一人の人間として守らねばならん。日本人だって捕虜は守られているんだ。これは、日本人の務めだ！」

大声で怒鳴ると、軍の人間が捕虜を連れに来るまで、猟銃を構えたまま

立っていました。アメリカ兵は血を流し、祖父の足に取りすがっていました。

母方の祖父は、学生時代に無茶をしてアメリカへ行ったことがあります。パスポートも何もなかったのですが、「野球の本場アメリカで、カーブやドロップの投げ方を習いたい！」その一心で、弟と二人、海を渡ったそうです。どうやって太平洋を渡ったのか分かりませんが、とにかくメキシコに渡り、国境の川を泳いで密入国したそうです。そして、片言の英語で野球をやっている人たちの所へ行き、本当にカーブやドロップを習ったそうです。

そんなことがあったため、祖父は、アメリカ人の良い面もたくさん知っていました。

だから、たとえ国同士が争って殺し合いをしていても、戦闘から離れれば人と人の関係であり、それを守らなければいけないと思ったのでしょう。

「戦争は憎むが、人は憎まない。アメリカ人まで憎んではいけない」

私は、祖父がそう言っているように思いました。

心の交流は、異なる国と文化を結ぶ「架け橋」になる

８歳の時に、そんな二つの戦争体験をしていましたから、私は、原爆を落としたアメリカを憎む気持ちはあっても、アメリカ人まで憎んではいけないと思って育ちました。だから、原爆を体験しても、抵抗なくアメリカに行けたのかもしれません。

そして、実際にアメリカに来て以来 50 年間、アメリカのいろいろな面を見て来ました。

人種差別や日本庭園の反対運動など、嫌な思いもたくさんしました。本文に書いたように、日本庭園の工事が始まってから１～２年は、反対する人々が集まり、

「ジャップ・ゴー・ホーム（日本人は帰れ）！」と何度も言われました。

「ユー・ジャパニーズ・キルド・マイ・サン（お前たちが、息子を殺した）」

「ウイ・ドント・ウォント・ア・ジャパニーズ・ガーデン！（日本の庭なんか欲しくない！）」

そんな罵声やプラカードを、何度も突き付けられました。街へ出ても、日

本人差別に何度も遭いました。

しかし、私は、この怒りの背後には、日米戦争があるのだと思いました。私に原爆を憎む心があるように、アメリカ人にも、戦争中の憎い日本兵の姿があるのだと……。

戦後まだ20年しか経っていない当時のポートランドの人々にとって、日本庭園は、戦争で失った大切な人々を思い出させるものだったのでしょう。

しかし、一方では、日本から来た私を受け入れてくれる人もたくさんいました。ポートランド市の公園課長のエレクソンがそうでしたし、初めは私にソッポを向いていた作業員たちも、日本の武道をきっかけに、どんどん私と親しくなりました。

私は〈アメリカでも自分は一人じゃないんだ〉と感じました。アメリカ人でも、私を受け入れてくれる人はたくさんいるのだと思いました。

そして、このポートランドに日本庭園を造ろうと考えたアメリカの人たちは、すごいと思いました。自分たちの土地に、15年前まで殺し合っていた敵国の庭を造ろうというのですから……。

私は、そんなアメリカ人の大きな心に感動しました。

〈アメリカ人は、かつての敵にも手を差し伸べ、異なる国、異なる人種、異なる文化をも受け入れる大きな度量をもっている！〉

そのことが、このアメリカを際立って成長させた源ではないか——そう、思いました。そして、アメリカで50年間生きて来て、この思いは確信になりました。

アメリカは、異なる人種や文化を受け入れる度量の大きさや柔軟性が素晴らしい特長です。それによって、世界中から人や文化を受け入れ、成長して来たのです。

しかし、今、世界は混沌とし、自分とは違う人種や文化、宗教などを排除しようという動きがあります。我々は、再びお互いに孤立し、憎しみ合う方向に向かっているようでもあります。"融和"を忘れ、排他的になろうとしています。

我々は、過去の2度の世界大戦でなした失敗を忘れ、先祖が尊い命をかけて我々に教えてくれた教訓を忘れはじめていると感じざるを得ません。

だからこそ、今一度、ポートランドの人々、アメリカの人々が、敵国を許し、その文化を受け入れる勇気を持っていたことを強調したいのです。

そして、ポートランド日本庭園が日米の民族と文化を結ぶ「架け橋」となり、人と人の理解と融和を進めたように、世界中で人と人の交流の輪が広がってほしいと思います。

国と国の「外交」はもちろん大切です。しかし、国を超えたこうした“人の心の交流”こそが、一番双方の理解につながるのではないでしょうか？

“人の心の交流”と“融和”が、アメリカに限らず全世界に広がることを祈りたいと思います。

＜写真＞

写真は、次の方々からご協力をいただきました。心より感謝を申し上げます。

①谷田部勝氏

②土沼隆雄氏

③ＴＢＳ「兼高かおる世界の旅」

④ロビー・ロビンソン氏

⑤石塚結美子氏

＜参考資料＞

『越後/新潟の庭園—地方の消えゆく庭園を守る』土沼隆雄・著（東京農業大学出版会刊）

【著者略歴】
平　欣也（ひら・きんや）
1937年、東京都生まれ。その後、広島、鹿児島に暮らす。東京農業大学造園建築学部卒業。
1965～69年、オレゴン日本庭園協会に在籍。ポートランド日本庭園を造園建築の責任者として築造。
1970年、カリフォルニアで「ヒラ・ランドスケープ・デザイン」を起業。以後、日本庭園造園家として、フランク・シナトラやカール・ルイスなど数々の個人宅庭園や、公共公園等を設計・施工。

ポートランド日本庭園はいかに生まれたか
－アメリカに渡った日本人造園家の50年史－

2019年 4月 9日　初版発行
2019年 6月14日　第二版発行

著者　平　欣也

定価（本体価格2,000円+税）

発行所　株式会社　三恵社
〒462-0056 愛知県名古屋市北区中丸町2-24-1
TEL 052 (915) 5211
FAX 052 (915) 5019
URL http://www.sankeisha.com

ISBN978-4-86693-010-7 C0061 ¥2000E